Suoyou de Shiqu
Zhongjiang Hui
Wennuan Guilai

所有的失去，
终将会温暖归来

古茗◎著

文汇出版社

图书在版编目 (CIP) 数据

所有的失去，终将会温暖归来 / 古茗著 . — 上海 ：
文汇出版社 , 2016.12
ISBN 978-7-5496-1898-9

Ⅰ . ①所… Ⅱ . ①古… Ⅲ . ①人生哲学 – 青年读物
Ⅳ . ① B821-49

中国版本图书馆 CIP 数据核字 (2016) 第 259475 号

所有的失去，终将会温暖归来

著　　者 / 古　茗
责任编辑 / 戴　铮
装帧设计 / 天之赋设计室

出版发行　**文匯**出版 社
　　　　　上海市威海路 755 号
　　　　　（邮政编码：200041）
经　　销 / 全国新华书店
印　　制 / 河北浩润印刷有限公司
版　　次 / 2017 年 1 月第 1 版
印　　次 / 2022 年 7 月第 5 次印刷
开　　本 / 710×1000　1/16
字　　数 / 162 千字
印　　张 / 15

书　　号 / ISBN 978-7-5496-1898-9
定　　价 / 45.00 元

序 言

他说，一辈子很短，就让生命成为永恒。

她说，一辈子很长，就让人生定格一瞬。

然而，就在苦苦挣扎之中，

我们的青春在闪光灯下断片，

在胶片上凝固，

留白之际，错综恍惚。

后来，我们慢慢懂得一个道理：

原来，所有失去的美好，终将以温暖的方式归来。

　　罗曼·罗兰说："世上只有一种英雄主义，就是在认清生活真相之后依然热爱生活。"我也曾经问过自己，到底什么才是人生？

　　很多年后，我发现：人生就是在你失去了生命中的一切美好之后，内心依旧温暖如初，没有凉薄与疲惫，没有冷漠与苦痛。

　　或许你正处于人生的低谷之中，或许你正遭遇家庭的变故，或许你正面临艰难的抉择……佛教说人生有八苦：生、老、病、死、求不得、怨憎会、爱别离、五阴炽盛。无论是哪种情况，我们都不该丢失和遗忘生命中那个能感知温度的角落。

我很喜欢"温暖"一词，因为它像一缕冬日的暖阳，不经意间会掠过我们早已淡漠的心，浮光掠影之间，成诗，成画，亦成章。于是，那微弱的爱便在心间慢慢升腾。

在这漫长的人生路上，我们都在苦苦挣扎，也一直都在失去。很多时候，我们总以为那些失去的美好将永远成为生命中的一处处缺口，可是很多年以后，我们赫然发现它们早已被时光填补。在岁月的记录下，我们努力向上、坚持不懈、不骄不躁、刻苦勤奋，而这一切都不会被时光所辜负。

亲爱的，无论你现在处于什么样的处境中，请一定要相信：你所失去的美好，终将以温暖的方式归来，而你要做的就是在时光的磨砺中坚定如山、骄傲如鹰、温暖如春。

目 录
Contents

第一章

原来，我们都曾任性地走过青春

少不更事，总以为自己可以无所不能，

甚至成为盖世英雄。

一路磕磕碰碰，不知天高地厚，

撞得头破血流后才发现自己的无知和幼稚。

原来，我们都曾任性地走过青春。

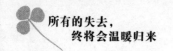

1. 别张口闭口就"我爸说""我妈说"

"我爸说……""我妈说……"

那什么时候该你说呢？

你到底什么时候才能长大？

很多二十多岁的年轻人，喜欢将爸爸和妈妈放在嘴上，像个永远长不大的孩子——无论是生活、学习、工作，什么事情都要寻求家里的帮助。的确，现在生活压力很大，可凡事都要打个电话寻求家里的帮助，那么你什么时候才能独立生活？

许多男孩子都是妈妈手心的宝贝，到了二十多岁还什么事情都要请教妈妈，让妈妈操心。尊重妈妈是应该的，但是如果连人生中的小事都要妈妈去决定，那么你什么时候才能独当一面？

我有个高中同学，他的成绩非常优秀，后来上了一所顶尖的医学院。然而，由于离家很远，他的母亲不放心他的日常起居，硬是放下家里的一切，租了一间靠近学校的房子陪读。

当时我目瞪口呆地问："你也不像生活无法自理的人呀！"同学苦笑着告诉我："我也没办法呀！妈妈一定要去陪读，她担心我在学校吃不好、住不好，然后影响学习。"

我又疑惑地问："你每天和妈妈住在一起，平时班里的聚会、活动怎么办？"他无奈地说："没有什么好办法，在妈妈眼皮子底下，什么事情都要请示。有的时候，她怕我耽误学习，根本不许我去。"

就这样，整个大学四年，他就在母亲的眼皮底下度过了。尽管他的成绩一直保持第一，但他几乎没有朋友，也没有什么丰富的校园生活。

毕业后，他去了一家不错的医院工作。然而，母亲又不放心，陪着他去工作。那时，我忍不住又问他："你都多大的人了，怎么还让妈妈跟着？"

他似乎已经习惯了这种照顾，说道："她是我的母亲呀，总不能反抗她吧？为了我，她都操心将近三十年了。"

"都已经操心将近三十年了，那还让她继续吗？"

他耸耸肩说道："只要她觉得好就好，我也没办法拒绝……"

那一刻我觉得他很软弱，甚至是自私。如果他能够拒绝，或者是极力反抗，母亲也不会一直跟着他。我敢保证，他谈恋爱后，结婚后，生孩子后，他的母亲会继续跟着他，为他操心一切。这样离不开母亲的人生，还有什么独立可言？

二十多岁，我们早已告别那个做孩子的年纪，不要什么事情都依赖父母。如果父母担心你的生活、学习和工作，想要一手包办你的人生，那你该早点拒绝，不该是欣然接受。你要明白，父母有老的那一天，根本不可能一辈子照顾你。

还有一个女朋友苹果，她的前男友是"我妈妈说"的典型代表。

那天，苹果想去烫一头大卷发，可是被男友制止了。他对苹果说："我妈妈说女孩子就该是直发，卷发乱糟糟的，特别难看。"当时苹果的心情是崩溃的，但谁叫自己爱他呢，一切都忍受着吧。

苹果喜欢吃辣，无辣不欢，但是她男朋友特别不喜欢吃辣。苹果说：

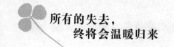
"他真的太奇葩了！他不喜欢吃辣就算了，竟然不允许我吃辣！"

听了她男友的理由后，我再次无语。男友是这么对她说的："我妈妈不让我吃辣，也劝你不要吃辣，吃太多辣椒对身体不好。"但是苹果真的忍不住，就只能晚上悄悄拉着姐妹们一起去吃麻辣烫，能放多少辣椒就放多少。

再后来，因为发生了一件事，苹果就结束了这段奇葩的恋情。那是临近毕业前，苹果的男友又一次没有通过六级考试，他心情低落地对苹果说："我的六级又没通过，所以我们还是分开一段时间吧。"

苹果惊讶地问："为什么？为什么没有通过六级就要分开一段时间？"他这样解释道："我妈妈说我之所以一直考不过六级，是因为被谈恋爱耽误了。"

那时的苹果彻底爆发了，她向他吼道："能不能不要总是将妈妈放在嘴上？你也是个大人了，为什么不能自己去辨别是非？为什么跟你谈个恋爱都这么折腾？"后来，苹果和他分手了。

因为现在大多都是独生子女，再加上生活压力慢慢变大，很多年轻人越来越依赖父母，成了"巨婴"。这是一件非常危险的事情。

不要张口闭口都"我妈妈说""我爸爸说"了，这个年纪你该有自己的见解和选择，你不该让父母成为你的代言人，甚至决定你的生活轨道。你已经成年了，独立是现在最该做的事情。今后，你也会有自己的小家庭，不可能依靠他们一辈子的。他们总会有年迈的一天，也需要你的照顾。

二十几岁，请不要再做个"妈宝"，要学会一切靠自己。请将"我爸说"和"我妈说"换成"我认为"，如果这个时候还没有自己的主见，你觉得自己什么时候才能成年呢？

2. 长大就是学会不说

> 很多时候，
> 没有必要将苦痛说出来，
> 弄得人尽皆知。
> 其实，长大意味着不说，
> 将一切都往肚子里咽。

年轻的时候，我们总喜欢将心事说出来，稍微吃点苦就会抱怨，弄得人尽皆知。渐渐地，随着阅历的丰富，我们就会发现，其实长大就是意味着不说和沉默，就是变得柔软，变得懂事。

邓伦是我认识的一个女孩子，上高中时就被父母送去了美国。

其实，对于每个留学的孩子来说，出去就意味着一个人包揽所有生活。那个时候，年纪尚小的邓伦根本无法承受在国外生活的孤独，她每天都会给父母打电话抱怨自己对生活中的一切都感到不适应。

邓伦的母亲舍不得孩子，打算去美国陪她读书。正在那个时候，邓伦的父亲在生意决策上出了重大失误，赔光了所有的钱。所以，父母根本没有能力再出国去陪邓伦。

这次家庭变故，给年纪尚小的邓伦带来了巨大的变化。

之前，她会整天和同学逛街，买高级包包和衣服，去豪华的餐厅

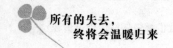

享受美食；她会整天抱怨自己生活的孤独，让心疼自己的父母不断地打钱——他们生怕自己的掌上明珠受一点委屈。

很多时候，她吃不惯西餐，但又不会做中餐，于是父母托了好多朋友，隔三差五地为她送去美味的中餐。

然而，父亲公司破产后，邓伦像变了一个人，沉默寡言了。后来，她渐渐减少了打电话的次数，不再整天抱怨生活，也不再抱怨对学习环境的不适。

有一次，邓伦在体育课上做引体向上，没有把握好，从单杠上摔了下来。当时，她感到左半身根本无法动弹，大家送她去医院体检才发现锁骨断了。当时她很害怕，以为自己会死去。最终，她拒绝让大家告诉自己的父母，因为怕他们在国内干着急。她忍受着一切，从做手术到出院都没有抱怨一声。同学和老师都感到了她巨大的变化。

由于家里出现了经济问题，所以她的学费都是父母从亲朋好友那里借来的。为了节省开支，她将自己所有的限量版包包和衣物都卖了，并且在业余时间外出打工，什么苦活累活都会尝试着去做。

对于曾经的千金大小姐来说，这一切都是非常不容易的。

后来，邓伦开启了学霸模式，平日尽量减少参加娱乐活动，潜心攻读自己的专业。她说："既然来了美国，那么就要学到最尖端的知识。现在家里遇到了那样的情况，我不能让他们再为我担心了。我唯一能做的就是完成学业，回去好好帮助他们。"

过了四年，邓伦的成绩已经达到了专业第一。她在美国的这段时间，为了省机票钱，更为了能够多点机会实习，只回家了一次。

所有人都无法理解，到底是一种怎样的毅力在支撑她前行。邓伦这样说道："曾经我不懂事，遇到一点小事就觉得天要塌下来了，家里出了事后才发现自己的不成熟。爸爸妈妈要拉下脸来为我到处借钱，不然我就无法完成学业了，这时我才彻底明白了父母有多么不容易，以前自己真的不该多说一句苦和累。"

现在，尤其是在外打拼的年轻人，大多都是报喜不报忧，不想让父母在遥远的家乡干着急。其实，这就是成熟的标志。当你到了一定阶段后会发现，其实不说才是最好的解决方式。

与其让一群人干着急，不如就让自己一个人去承受。

我们都知道，在外生活意味着要独自扛起一切，没有人能帮助你，没有人能与你分担。尽管如此，遇到很多问题，我们只要咬咬牙，就会坚强地挺过去。

正如一个学识和阅历都非常丰富的人，他是不会轻易地将自己走过的路，看过的书，结识的人都说出来，因为他懂得自己的不足，懂得人生的不易，更懂天外有天、人外有人。他的内心是丰盛的，更是坚定的。

年轻的时候，我们很喜欢在QQ空间和朋友圈里传照片、发心情，但是后来才发现，和自己同一批的同学与朋友都变得越来越沉默了。因为自己的生活再也不需要获得别人的认可，更不需要别人知道。

这才是生活最本真的状态。生活就是自己的，没有必要将自己的苦痛说出来，那是弱者和懦夫的表现。其实，我们没有必要得到他人的认同，因为自我认同就是最大的认同。

在年轻的时候，对于任何事情，也许你还会辩驳，还会去争论。然而，随着年纪的增长，阅历的丰富，你会选择不说。成长是一个过程，是由幼稚变成熟的跨越——不说代表了成熟的状态，更代表了我们变得越来越坚强。

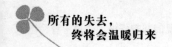

3. 做"剁手党"也要有底气

"剁手"应该是有底气的，
而不是软弱无能的。
在连自己都养活不了的年纪，
还是远离"剁手党"吧，
那是一个让人羞愧的词。

在二十多岁的年纪，如果你有能力负担自己的生活，那么就算当"剁手党"也是无可厚非的；如果你连自己都养不活，那么还是告别那种大手大脚的生活吧。

很多时候，年轻人应该明白一个道理：你必须在自己的能力范围内去消费，而非不停地消耗父母的财富。

现在的孩子都含着金汤匙出生，从小到大都受到了父母的宠爱，享受着一切。很多孩子大学毕业了，依旧在向父母伸手索取。他们的工资无法负担生活所需，但还想去过高品质的生活。

如今，很多父母都非常心疼自己的孩子。于是，做任何事的时候都会尽量去满足他们，尤其是独生子女。

那天，女友彤彤对大家抱怨："哎，这个月我的信用卡又被刷爆了——买了一个 LV 的包包和香奈儿的手提包后就悲剧了。"

彤彤的家庭条件还不错，每过几个月都会去香港或日本购物。不过，她有花钱的能力但自身完全没有还款的条件，每个月依旧需要父母支付一大笔生活费用。

尽管每月入不敷出，彤彤依旧大手大脚。到了该还款的时候，她就会打电话求助父母，撒娇地让他们打钱。她从来没觉得花家里钱有什么错，认为自己天生就该过公主般的生活。

很多年轻人都会进入一个误区，觉得自己家庭条件不错就可以无止境地去消耗。

老实说，这种心态会让你产生一种惰性，甚至会削弱你的意志力。你应该想想，现在父母还有能力负担你的生活，但是等他们老了，你能够负担他们的生活吗？

年轻人应该有这样一种态度：就算要做"剁手党"，也要凭借自己的能力去"剁手"。

我并不反对花钱去享受高品质的生活，因为每个人都有追求更好生活的权利，而且挣的钱本来就是用来花的。然而，在用这钱的时候，我们应该是昂首挺胸的，没有一点羞愧之情——我们都应该为自己的购买行为负责，不要总是在刷爆信用卡后向家里伸手要。

相比之下，我的另一个女友小蕾就比彤彤有底气。她的家庭条件非常优越，但是她坚决不花家里的一分钱，从美国留学回国后，她开始创业。

很多人以为她的创业资金是父母给的，其实不然。那个时候，当地政府有创业补助，通过前期充分的调研，以及方案的整合，小蕾申请到了 50 万元启动资金。

就这样，她和几个小伙伴开始了艰难的创业之路。在这个过程中，

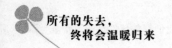

她从来没有求助过家人。

小蕾开的是一家投资咨询公司，经常和欧美、东南亚等地客户合作，所以很多时候都是日夜颠倒、超负荷地工作。她常年都在外地出差，几乎没有休假的时间。在最艰难的时候，她和伙伴们一起挤在地下室办公，吃着最便宜的盒饭，到处求人找门路。

那个时候，连家里人都看不下去了，想要帮助小蕾，但被她坚定地拒绝了。就这样，小蕾的公司慢慢起步，逐渐扩大。现在，她的收入完全可以负担生活开销。

其实，小蕾也很能花钱，非大牌不买，不过在困难时期，她从来没有碰过那些东西。过了好几年，当她的公司步入正轨后，她才去当"剁手党"。

小蕾对员工很大方，每年都会安排团队出国旅行一次。她说："是的，挣了钱就是该去花的。不过，我觉得应该花得心安理得，靠自己能力所得，而不是做个寄生虫，不断向家里索取。当你没有能力负担的时候，就要有所节制；当你有所收获的时候，无论对自己还是对员工，都应该'剁手'。"

每到年终购物狂欢的时候，各大电商的活动做得如火如荼，而年轻人的手就开始痒了。很多时候，电商们都会打着各种宣传语，诸如"错过今天，后悔一年"——不过，很多人都没有搞清楚一件事，这些商品到底是不是必需品呢？

在入手一件商品时，我们都应该做一个规划：自己到底需要什么、不需要什么，而不是被宣传语所迷惑。这应该是避免做"剁手党"的第一步，当然，最关键的还是理性消费，有所节制。

不要总是和人攀比，总想着提升自己的消费水平，因为在连自己

都养活不了的年纪，无尽的"剁手"只会让你陷入一种困境，甚至付出惨痛的代价。

成年后，花钱应该是有底气的，而不是怯懦无能的。所以，当你没有能力负担的时候，还是远离"剁手党"吧，那的确是一个让人羞愧的词。

4. 任性是需要资本的

在这个世界上，

任性都是需要资本的。

在你没有能力为之买单的年纪，

还是算了吧。

现在这个年代，年轻人几乎都是在爷爷奶奶和爸爸妈妈的呵护中被宠爱着长大的。如果孩子想要得到某件东西，家长都会不惜任何代价，无条件地去满足他。因此，这就养成了大多年轻人的依赖感和放纵心理，他们总以为自己可以无所不能，甚至可以任意妄为。

有一次，叔叔为我们讲了一个刚大学毕业的女孩子的故事，让人哭笑不得。

曾经，叔叔耗费不少人力、物力、财力帮助这个女孩进了一家大型企业，但是还没等她工作几天，企业的领导就告诉叔叔，那个女孩

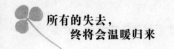

子辞职了。这件事让叔叔非常惊讶，甚至有些气愤。

更让叔叔无奈的是，女孩辞职的原因竟是那么荒唐。

第一天上班，部门领导就让这个女孩子去给客户端茶倒水。然而，这个女孩子竟然跑回家向父母诉苦，觉得自己受了天大的委屈。她觉得自己应该坐在办公室，而不是做这些粗活。

后来，她说自己受不了这种委屈，哭着闹着要辞职。

按理说，在这种情况下，她的父母应该劝她回去上班——不过，让所有人都无法理解的是，女孩的父母竟然同意了她的无理要求。

这个女孩子从小就没有干过累活，无论是洗碗、扫地，还是洗衣服、拖地，这些最简单的小事，都是由她母亲代劳。

叔叔非常失望地说着这件事。他说："这是一次多么好的机会。可她竟然因为受不了端茶送水，就这么放弃了。现在的年轻人怎么那么不懂事，根本不知道生活的艰辛和不易，都是被父母宠坏了的小皇帝和小公主。如果他们生活在我们那个年代，那还怎么活？"

之后，发生了更让人无法理解的事情。

那个女孩子想自己开网店，觉得那样就不必为别人端茶送水了，不用听领导差遣，更不用看别人脸色。

然而，等她着手做的时候才发现开网店是一件更累的活儿——无论是订货还是打理店铺，与客户、快递公司打交道，一切都需要她自己去办。

还没等到开始，她就已经放弃了。她对父母说："这么辛苦，每天都卖不了多少货物，还不如原来那个企业好。"

就这样，她的父母不得不再次拉下脸来去求叔叔帮忙。

本来叔叔是不想帮忙的，但因为都是从小一起长大的朋友，所以他又去找企业领导打招呼。

不过，可惜的是，那个职位已经被别人占了。女孩子非常后悔自己放弃了那么好的职位，最后，她只能到了高不成低不就的地步，让父母又托人去了一个不怎么样的地方上班。

在这个世界上，任性是需要资本的。

如果你的家庭条件一般，只是一直被父母当小王子和小公主宠爱着，那么在社会上还是收敛自己的任性吧。

你被父母捧在手心里，但是进了社会就是为他人服务的——哪个年轻人不曾为上级端茶倒水，鞍前马后过呢？不要以为这些不重要，这才是你进入社会的标志和资本。

那次，我去参加一个饭局。那个大企业的董事长助理非常能干，吃饭的过程中一直在为大家服务。

这个姑娘是个才毕业不久的 90 后，但是所有的事情都做得井井有条，没有任何差错。大家杯中的酒和茶水没了，她都会主动去加。后来我才知道，这个姑娘是个富二代，而且是独生女。

我很好奇，她为什么要跑到公司里来做这些事情。她笑笑说："如果我要接管家里的企业，那么这些服务性的工作是必须要会的。很多人都觉得，像我们这样的人是衣来伸手、饭来张口的，不需要为生计奔波操劳。其实，你们都错了。

"在我成年后，父亲就断了我的经济来源，我上大学的所有费用都是自己挣来的。也许你不信，工作后我住过地下室和集体宿舍，吃的是最简单的盒饭。

"母亲有的时候会很心疼我，但是父亲从来不给我留余地。他一直都在推着我向前走，而我一直处于被摔打的状态。从前我会埋怨他，

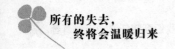

甚至是恨他，不过，现在我开始感激他，因为他已经将我练就成一个刀枪不入的姑娘。"

的确，如果想接管父亲的企业，姑娘必须去社会上摸爬滚打，从基层做起，否则就算接手也不能服众。说实话，如果姑娘不回家族企业，在外面打拼也能做到事业有成。

所以，年轻人，如果你没有任性的资本，那么就请收起它吧。在这个世界上，没有谁有义务去为你的任性买单，你必须学会收敛自己，脚踏实地地去做任何事。

5. 你所逃避的重担，正是他人成功的捷径

> 很多人都不愿意去做一些事，
>
> 甚至害怕去做那些事。
>
> 然而，这对你来说也许就是机遇。

美国管理学家韦特莱指出：但凡成功的人，绝大多数都做了别人不愿意做的事情。

这句话的确道出了成功中的某些不被人看到的因素。如果一个人想要取得卓越的成就，想要变得与众不同，那么他一定不会落入俗套去随大流，做他人都愿意做的事情。

很多时候，大多数人都觉得这个任务繁重是个负担，总想着要逃

避，但他们不知道这是提升自我的好机会——每一次挑战都将挖掘出你更大的潜能，并且能够让你不断超越自我。

我有一个编导朋友小贾，几乎每天都是两三点回家。他告诉我在影视圈有这样一句话："女人当男人用，男人当畜生用。"

当听到"畜生"这两个字的时候，我不禁扑哧一笑，当然这笑中带着感同身受。

那个时候，无论是前期准备、中期拍摄，还是后期剪辑，公司都会让小贾去做。此外，他对自己的要求也很高，希望做出来的片子质量高，因此他耗费了许多精力。

小贾住在离公司很远的地方，每天几乎要在路上耗费三个小时。后来，他开始学会更高效地去工作。有的时候干脆住在公司，之后再去调休。有的时候特别困，他靠着墙都能睡着。

听了他的叙述，我笑着问他："那么艰难，你是怎么扛过来的？"

小贾说："我每天不断激励着自己，只要熬过来，以后就算面对更大的挑战都不是问题。其实，能者多劳，也多得。领导给你那么多任务去做是因为器重你，也代表你可以承担那么大的责任。这个世界就是这样，残酷也公平。"

小贾讲得很对。

如果你没有能力，那么领导也不会将重任交给你。很多年轻人都很怕接新的任务，因为怕苦怕累。其实，他们就在每一次逃避中错过了锻炼自己的机会。

小贾跟我说："我们应该学着做他人不愿意做的事情，因为这是一条'捷径'，可以让你接触一个全新的世界。不要想着什么都不做就能获得什么，这是无法跨越的。所有媒体人都如此，过着没日没夜

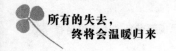

的生活，从来不知道什么叫周末或者休假。

"既然选择了这条路，那么就该继续探索下去。有很多人干一段时间就放弃了，因为工作确实很辛苦。的确，入行是困难的，但当你走过这个阶段后，你的世界将焕然一新。"

很多人都非常羡慕影视圈的人，觉得工作非常好玩。其实，那非常辛苦，每个人必须承受别人不能承受的压力。

任何一位演员、导演、编剧、后期、摄像的成功都不是偶然因素，他们很多人都做了一般人无法做的事，承受了一般人无法承受的压力。

为什么做他人不愿意做的事更容易成功呢？

首先，那些别人不愿意去做的事，竞争者就会少。因为每个人的智商都差不多，而那些大多数人都想做的事情，竞争肯定会非常激烈，对于没有竞争力的你来说机会就会少许多。如果你愿意做那些少数人愿意做的事情，那么你将事半功倍，更容易接近成功。

其次，对于那些别人不愿意做的事，只有少数人关注，而如果你能潜心研究，那么效果将非常明显。正如研究一个课题，如果你选择了某个较偏的领域，那么你将成为开辟者。

第三，别人不愿做的事情，很有可能是因为他们缺少某种勇气或决心。如果你去做了，那么自己的能力将会有大幅度的提升。

三年后，小贾自己开了影视传媒公司，业务越做越大。

为什么会这样？因为他前期做了他人不愿意做的事情——很少有人愿意将策划、拍摄、剪辑这一系列的工作都扛下来，因为非常累，但是小贾就扛了下来，并且承受了常人无法承受的压力。

我一直相信，能走到最后的人都是做他人不愿做、想他人不敢想。

每个人都想成功，但是面对一座不可能跨过的高峰时总会产生畏惧心理，认为自己无法办到。于是，他们在没有做之前就轻易地放弃了，错失了机会。

还有很多想成功的人，眼高手低，不愿意做一些小事，认为自己应该承担更重要的责任。于是，他们在无形中失去了磨砺自身意志力的机会。

马云高考失利后做起了蹬三轮车的工作。后来，在创业的艰难时期，他一个人背着个大麻袋去义乌，卖小礼品、卖鲜花、卖书、卖衣服、卖手电筒。我们很难想象一个互联网大佬曾经做过这样的事情，其实，就是这些小事成就了他一颗坚定的心。

后来，马云从国外带回了"互联网"这个概念，希望能够创立网上购物平台。然而，那个时候很多人都不相信互联网交易这个新鲜的事物，在质疑声中，马云等人摇摇晃晃地开始了创业之路。

在没有人愿意加入的时候，他们就自己卖自己买——曾经，他们那狭窄的办公地点就堆放了很多自己买回来的东西。在后期，很多商家开始加入了他们的平台，并且利用这个平台发家致富。我们可以看到，许多淘宝皇冠卖家就是赶上了那次机会。

很多情况下，机遇就藏在那些没有涉足的领域。正是因为他人不愿意做，或是不敢做，甚至是不屑于做，才让你离成功又近了一点。

亲爱的朋友，希望你能在某个他人不愿意触及的角落找到自己的机遇，脱颖而出。

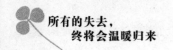
6. 还是别太把自己当回事

请不要总是产生某种错觉：

他人奉承你几句，夸你几句，

就觉得自己有多厉害。

说实话，你确实没有那么牛。

如今，很多年轻人都过于狂妄，取得了一点小成绩就自以为了不得，被别人奉承了几句就以为自己真的那么厉害，然后不再把别人放在眼里。说实话，他们没有搞清楚一件事：你自己其实没有多牛，只不过是别人尊重你罢了。

那天聚会，朋友跟我们说了一件事，让大家都非常愤怒。

在拍摄某电影的时候，男主演表现出了非常差的举动。他刚进门，看到沙发上摆着一个背包，皱了皱眉头，就将包远远地扔了出去，随口说："谁没长眼啊？把包放在我的位置上。"随后，他接过助手手中的咖啡一屁股坐在了沙发上。

当时，所有人都惊呆了，根本不敢想象眼前的情景。

后来，这部电影的编剧走了进来，将地上的包捡起来说："这个包怎么掉在地上了？"在场的所有人都没有说话，因为不敢。

那位男演员跷着二郎腿，玩着手机说："我扔的，以后不要用包占着别人的位置了。"

大家以为他们会吵起来，因为那位编剧的爆脾气也是出了名的。然而，事实上没有。编剧心平气和地将包放在了沙发旁的椅子上，说："你说的是，我以后会注意的。"

编剧走后，那个男主演极度自傲地说："哼，他也不过如此嘛，在外还不是要让我三分？"

其实，那个编剧当时也非常红。之后，有人提起那段往事，问他："他把您的包扔了，您怎么不生气，反而还让着他？"

编剧说："那个包不是我的，是剧组一个负责道具的小妹妹的。你想，如果我真的为了这个包跟他吵起来，那个妹妹以后怎么混？我给他面子，不是因为他有多红，那只是代表我个人的修养罢了。他的为人怎样大家是有目共睹的，以后自然会有人给他难堪的。"

果不其然，在一次宴席上，这个男演员又开始了自以为是的作风："你们不知道，那个现在正当红的××编剧也要让我三分！上次他的包占了我的位置，还被我扔了出去。"

瞬间，宴会的氛围变得特别尴尬。一位在影坛非常有地位的导演突然大吼道："请你给我出去！"男演员惊呆了，惊得不知道该说什么好，因为他不知道出了什么事。

导演继续说道："××让你不是因为你有多红，那是因为他素质高，尊重你而已。现在希望你给我出去，省得拉低了我们这一桌人的素养。"

这件事以后，那个横行演艺圈的男演员再也不敢如此张扬和自以为是了。

人贵有自知之明，不要觉得别人让你或者尊重你，自己就有多厉

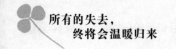
害，因为这个世界上牛人太多了。有时候，被夸几句"优秀"就能尾巴翘上天，还靠着这些"谎言"麻木不仁地度日，殊不知，你早已被淘汰于生活的洪流之中。

有一个女孩子，天生丽质，学习成绩也非常好，然而很自以为是，让很多人反感。在朋友圈，她喜欢去点评周围的每个人、发生的每件事，以为被很多人支持就成了红人。有时候，她被恭维几句"美貌和智慧并存"就找不到东南西北。

有一次，她去听一位非常有名的传统文化大师的演讲，边听边大声地评论："他讲得还没我好，之前，我早就对这个问题写过一篇文章了。"她的高傲引来了周围人的不满，但是大家都没去指责她，还是安静地听着讲座。

之后，姑娘还在说着，一位老太太实在看不下去了，说："姑娘，还是不要太自以为是了，做人还是谦虚点的好。还有，听讲座的时候不要讲话，聒噪。"此刻，姑娘的脸刷地红到了脖根儿。一直以来，她都是蜜罐子中长大，被众人捧在手里，从来没有人说她的不好。

讲座结束后，她才知道这个老太太是××文化协会的会长，也是台上演讲者的夫人。

这个世界上厉害的人太多了，如果总是一叶障目，不知天高地厚，那么你将越走越窄。很多时候，年轻人总是会产生某种错觉：被人夸几句就开始觉得沾沾自喜，认为自己无所不能——其实你什么都不是。要过多久才能看到一个事实：自己只是生活在想象的世界里罢了。

不要做浅薄的井底之蛙，更不要被几句良言迷得团团转。有的时候，别人夸你，让着你，不是因为你有多厉害，而是他们尊重你。

7. 你觉得读书是无用的，那什么是有用的

你觉得读书是无用的，

读书无法给你带来直接收益，

那么，不读书就是有用的吗？

如今，很多媒体都会用诸如"大学生找不到工作""硕士毕业生收入还不如本科生""××博士找不到工作，被迫摆地摊""博士找不到工作，靠啃老维生"这样的标题来吸引大家的眼球、混淆视听。

这些文章里所宣扬的"读书无用论"无疑在告诉年轻人，大学生的工资还不如普通打工者多。

他们用一个又一个成功的典型来让你深信：与其上学不如早点辍学，与其学习不如早点进社会。

渐渐地，在这样的声音里，年轻人开始幻想自己变成第二个比尔·盖茨、第二个马克·扎克伯格。最终，过了大半辈子后他们才明白这些言论背后的阴谋，才明白那些被举证为典型的人有着过人之处。

很奇怪，这个社会出现了一种畸形，不但不鼓励你读书，还大肆宣扬"读书无用论""学历无用论"，越来越多的人开始贬低高学历的人，甚至挖苦和讽刺。

当这种人与风气大行其道的时候，那也显示出了某种扭曲与可悲

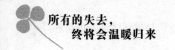

的价值观。这种向社会传递"读书无用论"的情绪是负面的，更是不负责任的。

她叫小寒，是我的高中同学。高中时期，在同学们对考大学和未来都没什么概念的时候，她却在默默地规划着自己的未来。

那个时候，整个冬天她只有一件厚外套和一双棉鞋。后来，我才知道她的家庭条件并不怎么好，家里除了她之外，还有一个读小学的弟弟。

小寒的父母都是下岗工人，靠着打零工供她和弟弟读书。为了减轻家里的负担，小寒每到周末都会去捡塑料瓶和纸盒来换些零钱。

小寒的学习很棒，在年级上能排到前十名。在同学们眼里，她的世界只有读书。

其实，现在回想起来，不免有一种悲凉之感：对于像她这样家庭出身的孩子来说，靠不了任何人，只有读书才能改变命运。

最终，小寒不负众望，如愿考入了一所名校的法律系。

上大学后，小寒依旧非常努力。在周围同学开始参加各种娱乐活动、享受大学时光的时候，她每天除了泡图书馆就是去律师事务所帮忙。

我偶尔会跟她通电话，问问她的近况。每当听她说自己又得到了奖学金、助学金的时候，我从心底里为她高兴。

上大学后，小寒没有花家里一分钱，反而还会有些积蓄。再后来，她凭着优秀的专业水平参与了许多案件的审理，并且受到了业内的一致认可。现在的她，作为知名律师，自信、乐观、优雅。

再见面的时候，我问小寒："高中时期你是怎么扛过来的？"

她笑笑说："没什么扛不扛的，只要一想到父母起早贪黑，那么艰难地供我和弟弟读书，我还有什么理由不努力呢？我还有什么理由不去改变命运呢？"

我沉思了片刻，继续问道："那你有没有想过，就算读了书，你的命运依旧没有改变呢？"

她想了想，平静地跟我说："这个结果我有想过，但不会陷入这种悲观的情绪中。那么多年都走过来了，我也看到了自己的改变，就算结果没有我预想的那么好，但起码我曾经努力过。无论是为了父母，还是为了我自己，我都要坚定地走下去。"

虽然我自身是个乐观的悲观主义者，也不满某些社会现实，不过，我还是要承认，在拥有众多人口的国度，高考算是公平和公正的考试——在某种程度上可以改变寒门学子的命运。

几乎每隔一段时间，"读书无用论"就会卷土重来。这些宣扬"读书无用论"的人，只是列出了个别因读书找不到工作的范例，就大肆宣扬读书的悲惨结局。他们觉得孩子们还不如花这四年的时间去社会上打拼，最终还有闯荡出来的可能。

这种声音会对那些正在读书的年轻人造成某种误会，因为这些年轻人的价值观尚未形成，所以会极易轻信某种看似正确的言论。

这个社会不该将某些"没有上过大学"最终成功的人当作典范，让他们成为年轻人的偶像，受众人追捧。

这些人走的不是寻常路，甚至是反常起家，而这会误导某些急于求成的年轻人——因为每个人的成长路径是不一样的，而且别人的成功也是无法复制的。

我们可以看一下身边"富二代"的例子，哪个没有受过正统的教育？哪个没有被他们的父母送进世界名校？一个有所成就的人，是绝

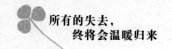
对不会说出"读书无用论"这种话的，更不会说高学历没有用处。

对于寒门孩子来说，唯一可以改变命运的就是读书。

当然，如果寒门孩子也想去尝试一条与众不同的路，那也是可以的，不过最终会非常艰难，其结果也许会令你失望。

要相信，学习与继续深造是一个提升的过程，更是一种改变思维方式的过程。

这不仅能改变你的人生，更能打破你原来僵化的知识结构，让你抵御流年的荒芜。尽管在短期中无法看出，但随着时间的推移，很多事都会变得清晰和明朗。

无论如何，都不要被那些所谓的"读书无用论"所欺骗，那是现实社会里最大的谎言与阴谋。

8. 有底气后再谈条件

在还没有底气之前，

不要一开始就谈条件；

在还没有能力之前，

先沉下心去提升自我。

在二十多岁的时候，好多年轻人喜欢谈条件。

在没有做一件事之前，他们必须要先了解做此事需要付出的代价，以及这件事的回报率。然而，当你知道了这些又有什么用呢？因为你连做这件事的底气都没有。

之前一位老师的学生 Z，在做每件事的时候都要问清楚要付出的代价，回报率如何。如果不能满意，她是不会开始做这件事的。

在上学的时候，每次老师为她提供实习机会，她都会将报酬、休息时间、是否忙碌等问题一一打听清楚。当然，问清这些事情是对的，但每次问完后，她都摇摇头说不愿意去做。

老师很无奈，总是告诉她不要眼高手低，有了底气再谈条件。然而，Z 不以为然，觉得自己能力强，就该有高回报。

就这样到了毕业，好不容易找到了一份挺满意的工作，在谈工资的时候，她又提出了条件："工资还是有点低，能不能给高一点？"

这时候，那个 HR 说："在同行里，我们的薪资应该算高的了，你刚刚毕业，能拿到这么多已经很不错了。如果你还想要更多，那么就要看你能为公司带来多少效益了。说实话，你现在什么都还没做就跟我们谈条件，凭什么呢？"

那一刻，Z 反驳道："请您绝对放心我的能力。大学时期，我在学生会做过学生会干部。"

听了这句话，HR 笑笑说："亲，你知道吗？来这个公司应聘的人都说他们做过学生会干部，但等到真正去做事的时候，能力千差万别——学校和社会不一样，进了社会你必须面对各种复杂的问题。你说你很有能力，那么就先做点成绩出来。"

后来，Z 不再说话了。

工作一个月后，Z 才明白了 HR 话中的含义。

的确，在学校期间，很多事情都比较简单且容易，因为利益成分

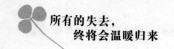

比较少。当一个人进入社会后，由于几乎都掺杂着利益成分，所以很多事情都比较难办。

没过一个月，Z 就有些忍受不了工作的繁琐和复杂了。她对 HR 说："我觉得我不适合销售部，因为我的口才不是太好。我能调到其他部门吗？"

HR 叹了口气说："姑娘，你这还没干满一个月就开始谈条件，而且还是调部门！你不是学生会的干部吗？能力不是很强吗？如果受不了我们公司的强度，那么还是请您另谋高就吧！"

这件事之后，Z 的情绪非常低落，于是回学校找老师，希望老师帮她推荐一份好些的工作。

老师无奈地看着受挫的 Z 说："之前，其实有很多不错的工作，但是都被你拒绝了。在这种情况下，你该让我说什么好呢？"

Z 失落地说："老师，难道我不该提条件吗？那是我的权利呀，而且每个人都有擅长和不擅长的地方，所以提出来是应该的呀！"

老师摇摇头："你可以谈条件，但是一定要在自己有了底气以后再谈条件。你说你是为公司拉了几百万的项目，还是给公司带来了多么大的荣耀？你说你一个小小的员工，他们凭什么答应你的条件？对于你这样的员工，他们随时都可以把你炒了，因为你是可以被替代的。"

顿时，Z 清醒了过来。

在人生的这场淘汰赛里，不要还没开始就去和别人谈条件，你应该反问自己："我现在有什么底气可以和对方谈条件呢？"所以，在没有底气以前，你应该脚踏实地，不断提升自己，让自己变得足够强大，成为不可替代的那一员。

朋友，也许你觉得自己的实力已经超出了现在的位置，或是可以得到更多的回报。但是，请不要着急，一切都要慢慢来。

在没有底气之前，还是沉下心去做好眼前事。之后，你便也有了谈条件的资本。

9. 人生的捷径，抵达的是穷途末路

我们不该绕开本该走的路，

因为只有那样

才能让我们变得心安理得。

人生所谓的捷径，

抵达的是穷途末路。

很多人在面对困难时都会选择走捷径，希望可以少吃点苦就能抵达终点。

其实，这是一件非常危险的事。你以为自己绕开了风险，殊不知前方还有更大的风险。渡过湍急河流的最好方式就是靠自己，而不是靠别人。

在大学时期，我们总能看到许多同学都不去上课，认为缺那一两节课没有什么大不了，找个同学签到就可以。有的同学就算去了，也无心听课，喜欢趴在桌上睡觉，或者玩手机。于是，一天就这样过去了。

在期末复习的时候，大家只要向成绩好的同学借些资料便能轻松

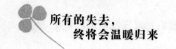
应付过去——考完试后才发现原来自己一窍不通。就这样，日子一天天度过。回想大学时光，也许只记得吃饭、睡觉、打游戏。

如果你有特殊的才能，或者有资本不去听课，那么你可以随意。不过，对于没有特别能力的同学，当你还不知道自己要干什么的时候，那么就应该踏踏实实地去将每堂课上完——

很多时候，听课的过程也是思考的过程，能够拓宽我们的思路。

时间很快，四年的时光转瞬即逝。最后，等到毕业找工作的时候，很多同学都没有可以拿得出手的成绩和经历。所以，这也不怪用人单位不要他们。

有个朋友叫小佳，高中成绩一般，后来考上了一所普通大学。每当别人问她在哪里读书时，她都非常自卑，觉得低人一等。

那个时候，她觉得就算拿了这个学校的文凭，以后也不会有什么好工作，所以那段时间她总是浑浑噩噩，不愿意去听课，甚至到了自暴自弃的地步。

不过，一次偶然的事件改变了她对人生的看法。

那天，在一堂非常枯燥的理论课上，几乎有一大半的同学都在睡觉。老师讲着讲着便停了下来，他语重心长地说道："其实，你们不该这样不珍惜上课的机会，就算没有在一流大学里，你们也是可以学到好多知识的。如果整天浑浑噩噩，那么你们和一流大学里学生的差距将越来越大。人生的众多坎都是跨不过去的，而逃避更不是解决问题的方式。"

那时，正玩着手机的小佳突然惊醒过来。她明白，自己已经进了一所普通大学，如果再不努力，想混混沌沌地度过大学时光，那么今后她会付出更大的代价去偿还这段时光欠下的债。

那次以后，小佳像变了一个人，立志要用知识改变自己的命运。她不再整天浑浑噩噩，每天早上六点就起床去跑步，接着买一个煎饼就直奔图书馆。

小佳学的是法律专业，但是上大学以来依旧是个法盲。她开始抱着厚厚的书一页一页地背，背完了就撕，不给自己留余地。

除此之外，小佳的英语从高中时期就非常差，大学时四级怎么都考不过。

小佳说："高中时期的偷懒导致了高考的不如意。如果我现在再偷懒，再去想着走捷径，那么我和别人的差距将越来越大，最后没准会付出惨痛的代价。"

小佳为了提高英语成绩，开始用最笨的方法，那就是背书。

不久，她将英语课本上的文章大段大段地背了出来，这让所有人都惊讶不已。最后，她顺利地考过了四、六级。不过，她并没有满足，后来又考了雅思。

再后来，小佳报名了硕士研究生考试，开启了更艰苦的学习模式。由于基础差，所以她从最简单的开始，夯实基础。慢慢地，她由开始时的一窍不通，到最后能将任何知识点都熟记于心。

她比常人付出了更大的努力。最终，让所有人震惊的是，小佳考入了名牌大学的法律系读研究生。

在毕业典礼上，小佳这样鼓励学弟学妹们："你的出生并不能决定你的未来。在能改变的时候千万不要选择偷懒，更不要选择捷径，否则你将抵达人生的穷途末路。"

是的，人生是没有捷径可走的，你必须脚踏实地地走过。你庆幸自己不听课、不努力就能通过考试，最终顺利拿到毕业证——然而，

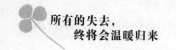
这又有什么意义呢？你只是在骗自己罢了。

社会告诉我们一件事：优胜劣汰，适者生存。

在 20 岁到 30 岁这个年纪，我们应该保持一颗持续奋斗的心。这段时间，年轻人不该有投机取巧的心理，而是应该怀抱积极进取的心态。

其实，生活不会欺骗你，因为你走的每一步都会在你的生活中展现出来。在你羡慕同龄人跑在你前面的时候，是否想过自己付出了多少？是不是在别人选择攀登高峰的时候，自己选择了乘坐缆车？是不是在该勇往直前的时候，自己选择了逃避？

我们不该绕开本应该走的路，因为只有脚踏实地才能让我们变得心安理得。

第二章

原来，我们都在艰难岁月中变得更加勇敢

前路坎坷，熬过了多少难眠的夜晚，

耗费了多少精力。

默默隐忍、执念相伴。

被残酷的现实虐得遍体鳞伤后才发现自己有多坚强，

原来，我们都将在艰难岁月中变得更加勇敢。

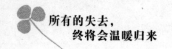
1. 致那些年我们的陪跑时光

这些年，

你以为自己一直是陪跑者，

殊不知，

你早已成了漫漫征途中的领跑者。

在那段无人知晓的时光，你一直都是陪跑者、是衬托鲜花的绿叶。

正像人群中的路人甲，你的到来或者离开都不会被人觉察，然而，就在这段陪跑的时光里，你隐忍、脚踏实地、不断修炼——殊不知，你早已成为漫漫征途中的领跑者。

提到陪跑者，你首先一定会想到小李子——莱昂纳多。每一次奥斯卡颁奖礼，所有人都会将目光聚焦在小李子的身上，那是他与自己的一次次较量和对决。

2016年奥斯卡颁奖礼如期而至，他又一次成了网民调侃的对象。在1998年《泰坦尼克号》上映的时候，莱昂纳多稚嫩且青涩，惊鸿一瞥，让所有人再也无法忘怀。后来，随着年岁的增长，他的负面新闻也越来越多。

专业陪跑20年的莱昂纳多，终于在这一年拿到了属于他的奥斯卡"小金人"。在获得"小金人"之前，莱昂纳多已经斩获奖项无数了，然而他并不满足，因为他的终极目标是那座"小金人"。

莱昂纳多算是年少成名，在 19 岁的时候就凭借《不一样的天空》获得了 1994 年奥斯卡最佳男配角的提名。21 岁凭借《篮球日记》获得金球奖提名。他因《泰坦尼克号》被众多人所熟知，成了"世纪末的票房炸弹"。之后，他又陆续参演了《逍遥法外》《飞行家》《盗梦空间》等叫好又卖座的影片。

这么多年，莱昂纳多该得的都已经得到，然而那座"小金人"一直是他心中的痛。正因为"小金人"的缺失，他一直在超越自己。

也许是觉得颜值会让人忽略自己的演技，所以他了得到奥斯卡的认可，迅速让自己走向了大叔和硬汉的风格——《荒野猎人》的成功，让他从此在自虐的道路上一去不复返。如今，他的眼神中多了些许沧桑和疲惫。

似乎那些专业陪跑的人已经成了人们茶余饭后的谈资：莱昂纳多和奥斯卡、水果姐和格莱美、村上春树和诺贝尔……

当莱昂纳多终于拿到"小金人"的那一刻，所有人都沸腾了，因为大家心里都有一口气：不断努力的人应该得到属于他的荣誉。最终，时间肯定了他的努力，给予他该有的褒奖。

有很多人，他们一直都非常努力，但成功总是姗姗来迟。娱乐圈里有一批这样的人，例如黄渤、吴秀波、勒东、王凯等人都是在圈内沉浮多年、大器晚成之人。然而，也正是如此，他们在属于自己的世界里寂寞前行，不断超越自我。

生活总是充满了戏剧性和反转。在没人知晓、得不到认可的岁月里，我们都默默地做着最基础的工作——这是一种磨炼，更是对自身的挑战。

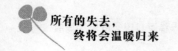

在那段时间，我一直都在做"枪手"，为别人写东西。每天都会为一个栏目剧本想很久的时间，并且要根据导演的意见改上无数遍。

写剧本的收入微薄，并且没有署名权，但我还是特别想留住这样的锻炼机会。我知道，机会是有限的，如果你不去做，自然会有人去做。此外，我们都必须从基层开始打拼，那是必经之路。

天下没有免费的午餐。

上天不可能眷顾所有人，让他一夜暴富，或者一夜成名，那都是属于极少数人的运气。所以，对于众多普通人来说，你必须沉下心去历练自己，打牢基础。

如果你是一名医生，那么开始时就要忍受住看不到光亮的日子；如果你是一位律师，那么就要在年轻的时候潜心积累；如果你是一位作家，那么就要在无人知晓的日子里奋力码字。

很感谢那段做"枪手"的时光，让我变得更加踏实与谦卑。

我开始看到了自身的诸多不足，明白了写剧本需要耐心，需要慢慢去打磨。后来，我发现自己需要多观察生活，去体悟人情冷暖，感受每一个人物的生活，才能创作出血肉丰满的作品。

从小，我们就一直作为陪跑者，永远都在衬托家长们口中"别人家的孩子怎样"。是的，别人家的孩子又得了年级第一，别人家的孩子又得了作文竞赛优胜奖，别人家的孩子考了钢琴十级……

从小到大，别人家的孩子永远是那么优秀，而我们一直都在默默追赶着他们。不过，请不要悲伤，时光是不会辜负你的努力的。

这些年，你一直都在隐忍，告诉自己不要停下，告诉自己还有很多人跑在前面。是的，你在不停飞奔，生怕追不上前面的人。不过，过了很多年，当你回望身后的时候，曾经的领跑者早已被你甩在了身

后，而你已经成了不可被替代之人。

感谢那些曾经陪跑的时光，让我们变得谦卑、隐忍、小心翼翼，最终让我们成了闪闪发光的那个人。

2. 我们终将抵御这菲薄的流年

在默默无闻的日子里，
请学会沉淀、学会隐忍，
时光终不会辜负持之以恒的你。

很多人都会经历这样一个时期：渴望干出一番事业、小有成就，然而在现实中却默默无闻、不被人认可、不为外界所知。也许你会在这个时期烦躁不安，也许你会感觉自己的努力都没有什么意义，甚至会自暴自弃。

我觉得这段不为人所知的时光可以被称为"蛰伏期"，而你需要用持之以恒的态度和意志力去度过它。

有一天，一个朋友来找我诉苦，说自己作为一个名校毕业的大学生，可现在只能做一些打杂的事情，那些毕业学校没有自己好的人，凭什么在自己面前指手画脚、耀武扬威？真是心有不甘。

说着说着，他开始愤愤不平起来。他又给我举了一些大学同学的例子，毕业三年很多人都慢慢有所起步，甚至小有成就，看看自己却

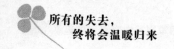
依然在原地踏步——现在的他，像被社会狠狠地泼了一盆冷水，当年的斗志已经全无，甚至还有要放弃的念头。

朋友很有才华，在大学时期创作了不少剧本，自己还拍了一部微电影。当时大家都认为他日后一定会大放光彩，成为著名导演。

然而，现实并没有给他想要的一切。毕业后他进了一家著名的影视公司，三年里他不停地跑剧组，为各种"大人物"打杂。他说自己在这个城市里看不到头，不知道何年何月才能闯出一番天地。

听了他的困惑后，发现他最大的问题还是太心急。也许曾经在学校里被太多的光环所包围，初入社会的一时暗淡就让他充满挫败感，和曾经那个自信满满的他判若两人。

然而，他为什么看不到这三年所积累的经验呢？他为什么看不到这三年积累的许多影视圈的人脉资源呢？他为什么看不到这三年的"蛰伏期"是为了让自己日后更好地腾飞呢？

面对眼前的挫败与失意，人们总是看不到它的价值所在。还记得那句"是金子总会发光"的至理名言吗？你是"金子"，又何必在乎这一时的暗淡？"潜龙"早晚有一天会腾飞，大放光彩，只是需要时间与等待。

在这段时间，你只要沉住气，努力充实自身、沉淀自己，多向身边厉害的人学习、讨教经验。所有的成功都不是一蹴而就的，所有的成功都需要经历时间的打磨。

在这个信息爆炸的时代，不少媒体所关注的焦点已经不再是努力奋斗的过程，他们更关注"一夜成名""一夜暴富"给人们带来的荣誉与掌声，或在"真人秀"节目中让普通百姓窥探遥不可及的奢华生活。

那些如同纸屑漫天飞舞的新闻笼罩在我们的头顶，让年轻人一度迷失了方向，认为一切都能轻而易举地得到。

　　然而，对于那些走上"神坛"的风云人物，我们只是看到了他们成功时的鲜花与掌声，只是看到了他们现在的名利双收，却没有看到他们在背后所度过的那段默默无闻、隐忍奋斗的日子。

　　也许，当你看到他们那段默默无闻的日子，就会沉下心去不断地充实自己了。

　　当李安站在奥斯卡金像奖的舞台上接过"小金人"的那一刻，多少隐忍化作他那标志性的羞涩一笑。我们可以想象在美国电影界，一个没有任何背景的华人导演想要有一番成就是何其困难。

　　曾经，李安有六年闲居在家，他包揽了所有的家务，还带孩子。在剩下的时间里，他只能帮剧组看看器材，做些剪辑助理、剧务等杂事。在那段漫长到看不到未来的等待中，家庭开支全都依靠的是在攻读生物学博士的妻子。

　　他还记得，每天傍晚做完晚饭后就和儿子坐在门口，一边讲故事给他听，一边等待妻子回家。最痛苦的是，他曾经拿着剧本，两个星期跑了三十多家公司，而换回的是旁人的拒绝与冷嘲热讽。

　　曾经还有一段时间，岳父岳母让女儿给李安一些钱，让他去开个中餐馆，这样也能养家糊口，但是被好强的妻子拒绝了。

　　可想而知，那样的生活对于一个男人来说是非常伤自尊的。他所承受的巨大压力——来自自己的、外界的这些压力是普通人无法想象的。然而，在妻子的鼓励下，在自己的隐忍中，李安沉住了气，没有放弃自己的梦想，更没有自暴自弃。

　　终于，所有的等待与沉淀都没有白费，潜龙终于等到了腾飞的那天。后来，李安的剧本得到了基金会的赞助，自己也拿起摄影机做了

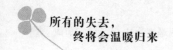
真正的导演。再后来，他的一些电影开始在国际上获奖。

最终，他的《卧虎藏龙》获得了第73届奥斯卡金像奖最佳外语片，其后又凭借《断背山》获得了第78届奥斯卡金像奖最佳导演奖，凭借《少年派的奇幻漂流》斩获第85届奥斯卡金像奖最佳导演奖。

那些功成名就之人的光鲜背后，都有一段不为人知、默默坚持的时光。在那些荣誉与掌声的背后，有过多少坚持与挣扎、害怕与退缩。所以，在那段默默无闻的"蛰伏期"，请不要自暴自弃，也不要颓废沮丧，更不要轻言放弃。

请相信，时光不会辜负你的隐忍与努力。

3. 很多年后，我们依旧不懂什么叫迷途知返

没有人天生就是勇士，

他们都是被生活逼迫前行的无悔一族。

你曾劝我们回头是岸，

可是很多年后，

我们依旧不懂什么叫迷途知返。

生命中有无数种可能需要我们去书写和完成。在年轻的时候，你可以不顾一切地去尝试和体验，因为这是生命赐予我们的福分。

没有人会预知下个十年会变成什么样子，但我们可以在迷雾重重

的森林里寻一处光亮——那是来自心底最深处的力量，指引我们奔赴远方。我们应该用最靠近灵魂的声音去对抗时间，只是大家总是害怕结局的惨败。

那天初中同学聚会，有个男生问我："妹子，你是学什么专业的？"

我回答："中文。"他开始哈哈大笑起来："妹子，我没有听错吧？中文？中文还需要学习吗？"

我礼貌地回应："我觉得我需要学习。"

其实，这世间的所有事都不必非要一个理由，我们对得起自己就好，对他人来说没有任何意义。

虽然学习中文已有七年，但之前都没有正式写作，大多都是零零散散的随笔或是小说片段，因为觉得火候不够，缺乏信心。

两年前，我开始了正式的码字工生活，每天坚持写三四千字，如果是写小说会达到七八千字。当然，和那些大神级人物相比，自己还是弱爆了。

那台跟了我八年的东芝笔记本电脑，已经成了我生活中最好的伴侣，键盘膜被敲坏了无数张，索性就不再贴膜。

许多键早已被折腾得不灵光了，但我还是舍不得淘汰这台古董，因为它烙上了梦想与时光的印迹。

你问我，如果时间能够重来，还会这样义无反顾地奔赴于学习中文的道路上吗？我依旧会坚定不移地笑着告诉你：会！因为这是不悔，更是信仰。

很多人都会问我："你学中文是要当老师吗？"

我不知该如何回答，这也是所有中文系的朋友都会遇到的问题。其实，学习一门学科并非要去做什么，而是在那斑驳的流年里滋养我

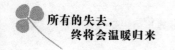

们的灵魂、补给我们人生的空白。

曾经，有人劝我去考个会计证或是律师证，起码让生活有个保障。那时，我笑着说："我已经学中文七年了，哪里还有学习其他技能的精力和本领？"

说白了，我就是舍不得老祖宗的东西从此衰落，舍不得几千年前的文明被人遗忘。

也许你会说我傻，净做这些没有意义的事情，可我就想一直傻到头。我只是不想给人生留下遗憾，更不想在不喜欢的事上消磨时间和精力。

他们说这是最没有实用价值的学科，但我认为它是最实用的。

中文给了我抵御惨淡流年的勇气，让我明白生命的无常，让我的生活变得更加充实，笑对人世悲苦。在古老的文字中，我看到了曾经的他们与她们，在时空的凝固和定格之间，是一种惺惺相惜之感。

这就是中文的价值和意义所在。

我依旧不会忘记自己为了梦想去傻傻奋斗的时光，无论是当"枪手"、做翻译、写剧本，还是"熬鸡汤"、做学术、写影评，忙到不知何谓假期，忙到发际线上移，忙到熊猫眼，可是依旧能笑呵呵地告诉自己，我离梦想又近了一步。

毕业酒宴那天，导师很认真地对我说："千万不要放弃写作之路呀，你应该坚持下去。"我也很认真地点点头："我记住了。"

不忘初心，方得始终。

写了很多东西后，我开始明白，原来自己一直是个手艺人，脚踏实地才能心安理得。我信仰文字，并一直有文字洁癖——有些东西是可以写的，有些是抗拒的。

其实，这世界上的手艺人都一样，十年如一日地做着自己的事情，安贫乐道。入行是艰辛的，什么累活苦活都会去做，当然，这也是必经之路——在最绝望的日子里，一个月收到了 12 封退稿信，但还是厚着脸皮继续投。

在熬夜写稿子的日子里，孤独且艰难，终究靠着强大的意志在一个月里考了雅思，写了四集剧本，敲完了十二万字的书稿——不过，最后还被编辑删了三万字。

尽管接了许多不能署名的稿件，微薄的稿费根本养不活自己，但我还是告诉自己，再难都要坚持下去——很多事情，你不去做，总会有人替代你去完成。

这个世界上没有人会同情弱者，更没有人会相信眼泪。优胜劣汰，适者生存。

我很佩服那些即使穷困潦倒都依旧坚持心中梦想的人，他们在最艰难的时光里，默默承受着生活的重担与压力，坚持着自己的理想——

每当看到在地铁站里拉着小提琴、弹着吉他的卖艺人，或是在广场上画着人物肖像的写生者，都会有一种惺惺相惜之感。

那些生活在成本最高的城市中的年轻人，为了节省房租，住在远离工作单位的郊区，就算在路上耗费一两个小时，他们依旧不愿放弃心中最初的梦想——离开了家乡，就意味着没有回头路。

我们都是生活中的勇士，被逼迫着硬着头皮前行。是的，很多人劝我们回头是岸，但过了很多年之后，我们依旧不懂什么叫迷途知返。

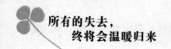
4. 曾经，我们都是最无畏的勇士

我们应该骄傲，

在人生最美好的年华里

参加了高考。

不负青春，

我们是最无畏的勇士。

人生有很多道坎，或大或小，没有一个人的人生是一帆风顺的。

一个人从出生开始就要披荆斩棘，在浩浩大军中杀出一条血路。在中国，高考是最残酷与激烈的一关，但也是最公平的一次竞争，在某种程度上可以决定一个人的命运。

作为曾经参加高考的考生，我正好赶上了江苏高考改革。

那年，江苏省实行"3+学业水平测试+综合素质评价"的高考方案，让所有人都措手不及。

我身边有很多同学，语数外三门考了非常高的分数，但因为有一门学业水平测试考了一个 B 或 C，无缘重点大学。有些人不得不再奋斗一年。

参加江苏省的高考，我们就像"无敌超级小玛丽"，一级一级地闯关。说实话，不仅考生忍受着巨大的压力，家长们每天也紧绷着弦，生怕有一环出差错就耽误了孩子的前程——写不完的作业，考不完的周考、月考、季考。

我们看着高考倒计时牌上的数字一天天减少，羡慕并观望着排行榜上名列前茅的大神们。我们的神情都是凝重的——高考，一分就能甩掉几千甚至上万人。

那个时候，每个同学的桌上都堆满了各类书籍和考卷，《黄冈密卷》《海淀密卷》《启东密卷》《5年高考3年模拟》《天利38套》、王后雄、薛金星……直到现在，对于这些书籍和名字我都记忆犹新，但再也不想去看一眼。

高考后，家长在处理孩子整整一麻袋的试卷和书籍时，眼睛都是红彤彤的，这些都记录了儿女奋斗的时光。

过大的精神压抑，堆积如山的作业，做不完的习题，各种迷茫与困惑。但是只要看着父母期盼的眼神，大家还是咬咬牙，什么都过去了。是的，父母的一句鼓励是我们坚持下去的最大动力。

现在想来，我们应该感谢高考那段时光，感谢父母的包容和小心翼翼。

他们会在最炎热的季节等待我们下晚自习，心疼地为我们递过一盘水果，或是一杯热牛奶。鸡汤、鱼汤、骨头汤、核桃、巧克力……什么补脑来什么。他们甚至不敢多说一句话，生怕影响了我们的情绪，着实不易。

清楚记得在压力最大的时候，妈妈都会找话题分散我的注意力，爸爸到了周末会带我出门散心，缓解压力。

很多父母为了孩子高考，倾注一切。这不是一个人在奋斗，而是整个家庭在与命运抗争。在那个年纪，这是我们必须要面对的考验，

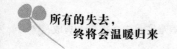
更是我们应该承担的责任。

当时，我并不明白高考意味着什么，但现在想来，感触颇深。对于众多普通家庭的孩子来说，只有通过高考才能改变命运。上一所重点大学可以让他们有更高的起点，能认识更多优秀的人，能找到一份体面的工作。

在某种程度上说，这是对的——但也不是绝对的。上了大学后，孩子们就会发现，学习是终身的，并不会于此结束。

其实，就算没有考上重点大学，天也不会塌下来。因为高考不是人生的唯一，更不是末日审判，世界上还有很多路可以走。

我的成绩一般，还有些偏科，考试心态极差，临考就特别紧张。后来上了大学才发现，身边的很多文科生都偏科，数学甚至都不及格。不过，这并不影响他们日后的发展。

在这里，我想说的是，考生们不用负担过重，更不用压力过大——大学文凭仅仅是敲门砖，不是决定你人生的唯一因素。当然，这是后话了。

现在，你们必须全力以赴，拼尽全力。世界很大，而高考可以让你们拥有更加精彩和丰富的人生。

电影《中国合伙人》中有这么一句台词："梦想是什么，梦想就是一种让你感到坚持就是幸福的东西。"熬过这段时光后，你再回首奋斗的日子，便会云淡风轻地笑起来。这是你人生中知识体系最完善的阶段，更是你过得最充实的时光。

应该骄傲的是，在人生最美好的年华里，我们参加了高考，不负青春。我们都曾是最无畏的勇士，怀揣梦想，奔赴战场。

没有经历过寒冬，不会珍惜明媚的春日。

高考着实是一种丰收，它包蕴着太多的内涵。无论高考成绩如何，你的成长与成熟是任何人无法改变的事实。

这三年你辛勤地走过，这本身已是大收获。

多年后，当我们回想起那段时光，那段觉得暗无天日似乎永远看不到头的时光———旦过去了，都会成为我们怀念的光辉岁月。

后来，当我们再看优生、差生、考试、家长会、排名的时候，这一切都是青春记忆里最美好的桥段，是我们将来站在人生更多的岔路口前——怀念起来的最好的日子。

5. 谁的青春不是颠沛流离

> 没有一种人生是一帆风顺的，
> 青春本来就是一场颠沛流离的远行。
> 我们奔赴于无际的战场之上，
> 与世界宣战，更与自己宣战。

在二十多岁的时候，青春本身就是不安的，更是没有着落的。所谓岁月正好，诗酒年华，并不适用于我们这个年纪。

其实，青春本身就是一场颠沛流离的远行。我们奔赴于无际的战场之上，与世界宣战，更与自己宣战。

没有一种人生是可以安稳走过的，颠沛流离、舟车劳顿都不可怕，

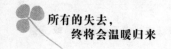
怕的是你的灵魂枯朽。

有一次，我在朋友圈里看到了一位二十几岁的朋友这样发表心情："考个试都要跑到遥远的城市去，又是一次舟车劳顿的旅途。"

那个时候，我发现如今的年轻人真不知道什么叫真正的风浪。

的确，在二十几岁的年纪，我们总会有诸多抱怨，芝麻大点儿的事情都会搞得人尽皆知。殊不知，当自己开始为梦想打拼的时候，那点事儿根本谈不上是事儿。

毕业后，我独自一人远离家乡来到深圳。这里的脚步要比一般城市快很多，尤其是人们早晨的步伐。很多年轻人为了节约时间，只能顺便在路旁买了早饭，之后匆匆而过。

在这座城市，大家必须加倍努力才不会被它抛弃。

深圳的街头几乎都是年轻人奔波的身影。每天上班的路上，我都能看到发传单的哥哥姐姐或弟弟妹妹们，在被匆匆而过的路人拒绝后，继续厚着脸皮去完成一天的工作。

在这样的年纪，我们折腾又迷茫。

那天，深圳暴雨。在下班的路上，我的裤子在雨水的冲刷下全都湿透了。

经过十字路口时，一个送外卖的小哥停在身边，全身都已经被雨水打湿。他将手机绑在手臂上，外面封着一层透明的防水袋，指尖在不停地按着手机键，联系顾客。

我不禁皱了皱眉头，原来这就是生活。

是的，这座城市的所有人都在为生计奔波，没有一丝懈怠。

在这座城市，每走一段距离就能看到一家房屋中介营业点。那里的年轻人都处于工作狂的状态，每天早晨都会站成一队喊口号，接着便开始一天的奔波。

他们会带着客户去看房，一户接一户跑，每天都会忙到深夜。在看尽了别人脸色后，他们拖着疲惫的身体结束一天的工作。

是的，这就是生活。如果你不去努力，便会被社会淘汰。

那天，我搬家，一个箱子接一个箱子，任何事情都需要自己去办。我把原来房主的窗帘拆了送到楼下重做，之后又买了垃圾桶、扫帚、拖把、马桶塞、脸盆等日常用品，最后发现两只手实在不够用。

那个卖杂货的阿姨无奈地看了我一眼，嘱咐她的小弟帮我把东西送了回去，嘴里还嘀咕道："这姑娘怎么就一个人？"

我心里想着："一个人怎么了？现在的姑娘不都这样吗？"

还记得三年前，我一个人住在另一座城市。

那是最郁闷的一天，因为马桶堵塞了，非常严重，那窘状就不描述了，实在尴尬。为了通马桶，我忙活了一个下午。最后纠结地看了看满地狼藉的洗手间，不禁笑了起来，原来这就是生活。

还有一次，家里的灯坏了，我搬了一把椅子站上去看了看灯的型号和尺寸，再上网订购了相同型号的灯。

然而，等拿到货的时候，我傻了眼。原来，这灯还要接火线和零线，顿时不知所措。最后，我只能上网求助，忐忑不安地接了线。终于，灯重新亮了。

原来，女孩子一个人在外独居就是这个样子，一切都要靠自己。慢慢地，我懂了很多。

其实，生活本身就该是这个样子，从前只是父母一直托着自己罢了。终究，我们都必须奔赴于红尘之中，迎战一切——房东随时都会涨价，而那些水电费、煤气费、物业费、垃圾费都需要自己去支付。

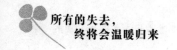
冰箱坏了需要找人修，洗衣机和空调都需要定期清洗。

在这个世界上，还有许许多多的年轻人在过着漂泊不定的生活，所有的苦与累只能自己去吞咽。

没有一个人的青春是安逸的，都需要经历一段迷茫且孤独的时光。在这一时期，我们飞速成长，因为一切都要靠自己。

生活本身就是琐碎的。我们每天不仅要去工作，还要学会如何生活——一个人生活不能总是叫外卖，一是外面的食物让人不放心，二是自己做饭更省钱。

后来我才明白，那些做菜很厉害的同龄人都是被生活逼出来的，因为妈妈不在身边。是的，一切都需要去摸索和学习。

我不知道自己为什么要选择跑到一线城市去折腾，但我清楚的是，在这样的年纪，我必须要努力奔跑。

曾经，自己也可以选择回家乡过上那种不用奔波的生活，那没什么不好。在家里，一切都有父母可以帮忙，有什么事情他们可以代办。然而，我觉得自己的生命应该不断地输入新鲜血液，应该被某种叫梦想的东西推动着向前走。

青春，本身就是一场颠沛流离的盛大远行。

在年轻的时候，我们应该去尝试各种生活，可以是食不果腹的，可以是漂泊不定的，可以是斗志昂扬的……但是，无论是哪种生活，请不要在最该奋斗的年纪选择安逸，逃避本该承担的责任。

多年后，当你再回顾这段生活时，你会欣慰地笑出声来，感谢那时不计后果、硬着头皮向前冲的自己。

6. 其实，居无定所并不可怕

每次搬迁，都是记忆的断裂，

居无定所，更意味着安全感的缺失。

但是，我们依旧在和现实抗争，

因为这是最好的年华。

对于年轻人来说，也许最焦虑的问题之一就是房子。中国人对房子有一种别样的情结，认为有了房子才能有家，可以遮风避雨，不用四处搬迁。

不过，面对如今的高房价现象，大部分年轻人是力不从心、望而却步的。对于普通百姓来说，在一线城市买一套房子是根本不可能实现的愿望。

这个世界很现实，没有房子，爱情再美好都如同肥皂泡，一触即碎。如今，很多男孩子的压力都非常大，没有房子就意味着找不到另一半，因为丈母娘并不同意让女儿跟着你过四处搬迁、居无定所的生活。

其实，很多事情都是无可厚非的，因为背负着上百万甚至几百万的房贷确实很辛苦。当然，四处搬迁也一样辛苦。

从小到大，我一直过着搬迁的生活。在家乡，自我有记忆以来，

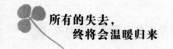
一共搬了五次家。上了大学后，由于校区的原因，四年一共搬了四次。读硕士的时候去了更远的南方，又一次搬迁。如今工作了，去了另一座城市，好不容易才算安定下来。不过，这种安定也许只是暂时的，今后或许还会一直搬家，又或许会去另一座城市。

对我这样搬过十多次家的人来说，特别希望能有一套属于自己的房子，因为那样就可以将屋子装饰成自己喜欢的样子。

搬家最痛苦的事情，就是必须丢弃一些家具和物品，尤其是远距离的搬迁。那个时候，我们不得不丢掉许多喜欢的大件，虽然舍不得，但我们根本不可能带走那些物件。

人对物件总是有一种特殊的情结，因为它们承载了太多对于往昔的回忆。

2016 年 6 月，我来到了另一座城市，算是人生中的第 12 次搬家。这一次，我已经驾轻就熟了，小到窗帘、床单、沙发套的置换，宽带、路由器的组装，大到洗衣机、空调、冰箱、油烟机的清洗，一切都能自己处理好。

我犹记得从前的舍友叫我"技术宅""女汉子"，那就笑呵呵承认吧。

那年，我回故乡的老房子，发现它早已被拆毁，转而替代的是新建的住宅楼。这一切都显得那么陌生，没有给我一丝停顿的余地。

我是多么希望它能够永远留下来，不被拆毁。我清楚记得老屋的墙上留下了父母为我量身高时划的横线，那一道道横线代表着成长，更意味着记忆的延续。可惜，那面墙早已被埋在了废墟之中。

那里是童年的见证，更是成长的印迹。我人生中最快乐的时光，都留在了老房子里。

对于经常搬家的人来说，他们的心情多半是复杂的。也许你也像我一样，每到一个新的住处都不敢买太多喜欢的大件，因为害怕搬离这座城市后就会将所有东西丢弃——丢弃的本质，在于生命延续性的断裂，正如与亲人的分离。

　　刘若英在《永远不搬家》中这样写道："某种程度上来讲，你每搬一次家，你的生活必须重新开始，生命的长度要重新计算。你舍弃的不只是身边的物品和邻居，你也切断了时间的延续性。"

　　我们对于老房子的坚持，其实是希望将记忆封存。所以，对于那些"钉子户"的心情，此时，我有了一点理解。

　　中国人骨子里都有一个家的概念，那是不可磨灭的，也是根深蒂固的。没有固定的居所也就意味着记忆一直都在断裂，最终都不知道自己属于哪里。也许，安土重迁就透着这种感伤的情绪。

　　中国式家长可以节衣缩食，搭上几代人的积蓄，卖掉老家的几处房产，也要为孩子在一线城市买套房子。这是无可厚非的，因为他们都明白居无定所的苦楚。

　　如果你从出生到年老都能住在同一个地方，那么应该恭喜——你是上天眷顾的幸运儿，你人生的每个阶段都有迹可循，能够在古老的砖瓦中寻觅到一丝往昔的气味。

　　这对于大部分人来说只是一种奢望，绝大多数人都过着搬迁的生活。不过，我们也可以换一种方式去理解搬迁：处处为家处处家。

　　其实，对于像我这种在外漂泊多年的女孩子来说，能永远停留在某处早已成了一种奢望。不过，随着生活方式和工作方式的改变，我的想法也已经开始转变——四处搬迁的生活并不可怕，租住过的房子也成了自己记忆中的一部分。当我回想自己走过的路时慢慢发现，原

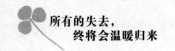

来世界的每个角落都留下了自己生活过的足迹。

在这个年代，没有房子的焦虑是可以理解的，贷款买房的焦虑也是可以理解的。无论是哪种方式，我们都一直在努力奋斗着。

每个年代的年轻人都会有焦虑，面对压力，我们应该勇敢地扛下来。是的，这是最好的时代，至少在和平年代的我们还不至于饿肚子，并且还有和现实抗争的可能性。

对，这就是最好的年华。

7. 我们都在嘲讽中变得强大无比

> 嘲讽并不可怕，
>
> 关键在于你的态度
>
> 以及一颗强大无比的心。

我们都应该接受质疑和嘲讽，因为你的能力还没有达到被人认可的地步。如果你觉得受到了不公平的对待，那就应该凭借自己的努力和意志力让他们认可你，而不是自怨自艾，甚至是放弃。

莎士比亚说："不应当急于求成，应当去熟悉自己的研究对象，锲而不舍，时间会成全一切。凡事开始最难，然而更难的是何以善终。"

在娱乐圈的小花旦里，曾经有几个女性被网友黑得非常惨，然而，最终她们靠着强大的意志力战胜了这些质疑声，让众多网友由黑转粉。

赵丽颖曾经说过，最惨的时候连喝水都会被人黑。的确，那段被嘲讽的日子确实不好过。然而现在，赵丽颖已经不再被黑，并且得到了大家的认可。

是的，时间是一个好东西，能让一个姑娘不停地奔跑，超越自己的极限，让不可能变得可能。

其实，被嘲讽并不可怕。

在嘲讽中，我们应该不断警醒自己，看到自己的不足，不断提升和超越自己。生活就是一个攀登高峰的过程——当你不甘平庸，想要登上高峰的时候，你就不要在意在这条路上遭遇的质疑声。

相反，这些质疑声可以帮你成为更好的自己。

那天，我在一本书上看到了很多举世闻名的作家当年收到的退稿信，不禁赞叹他们超强的意志力和忍耐力。曾经的他们都受到"毒舌"编辑们的嘲讽，但最终还是成了闻名于世的大家。

编辑在给普鲁斯特所著《追忆似水年华》的退稿信中这样写道："乖乖，我从颈部以上的部位可能都已经坏死了，所以我绞尽脑汁也想不通一个男子汉怎么会需要用三十页的篇幅来描写他入睡前是怎样在床上辗转反侧的。"

不过，后来，这一段在《追忆似水年华》中已经成了经典片段，尤其是那段回忆提拉米苏的场景。

再看看纳博科夫所著《洛丽塔》的退稿信："作者实在应该把自己的想法告诉他的心理医生……有些段落写得不错，但是会让人吐到爬不起来……这整本小说从头到尾都沉溺在一种堕落的氛围里面……作者常常写着写着就陷入了一种像精神病一样的白日梦，情节也跟着混乱了起来，特别是那些有关逃亡的剧情……最后的结局，主角好像

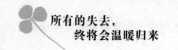

把自己变成了野人一样，好可怕……我建议不如把这本小说用石头埋起来，一千年后再找人出版。"

约瑟夫·海勒收到的退稿信是这样写的："你到底要说什么，简直有辱智商！"

劳伦斯所著《扎泰莱夫人的情人》的退稿信里这样写道："我是为你好才告诉你：不要出版这本书。"

看了这么多编辑的退稿信，我们应该佩服那些作家顽强的意志力。如果是一般人，他们肯定会怀疑自己的写作水平，甚至会真的放弃自己的作品，认为那是一文不值的。

不过，这些作家并非常人，他们不仅对自己的作品有清醒的认识，更重要的是他们懂得成功并非一蹴而就，是要付出更多的努力，花费更大的代价的。

我还记得自己刚开始投稿的时候，一个月内收到了12封退稿信。印象最深刻的，就是有个编辑将我写的小说作为反面案例贴在了群里，然后引发了群成员激烈的讨论，最后用嘲讽的口吻收场。

那段时间我曾一度怀疑过自己，觉得自己并不适合写作，甚至觉得自己有辱中文这个专业。只是当我不再畏惧退稿的时候，写稿成了一件非常愉快的事情。渐渐地，当某些编辑向我伸出橄榄枝的时候，我才发现自己的坚持是值得的，起码在某种程度上历练了我自己。

我还记得那时非常喜欢电影和剧本，不过也因此遭受了很多嘲讽。曾经有一个编剧对我说："你还想写剧本？先掂量掂量自己吧！"

那个时候，我愣住了，但是并没有表现得太过悲观，因为自己的承受能力已经非常强大了——面对嘲讽，我们就该变得厚脸皮。我没有理会他，而是踏踏实实地先从简单的剧本入手。

渐渐地，我也慢慢得到了业内认可。

其实，嘲讽真的不可怕，有的时候，嘲讽甚至是一件好事。

我们都应该感谢那些曾经嘲讽过我们的人，因为他们让我们看到了自己的弱点和不足，更让我们在心底暗暗下决心，突破自身的局限，让不可能成为可能。

朋友，你知道吗？在实现梦想的道路上，嘲讽是我们必然要面对的事情，没有一个人可以绕过去。既然这是必经之路，那么你就该做好充足的准备，用最强大的内心去面对它。

8. 时光是最好的见证者

> 时间真是个好东西，
> 能够见证我们的成长，
> 更能将我们慢慢打磨成最好的样子，
> 成全一切。

在人生的旅途中，任何事情都需要慢慢来，只是人们总是迫不及待地想要获得一切。然而，成功哪有那么容易？上天怎么会让你轻而易举就获得一切？

人们总是急功近利，想证明自己的伟大。他们并不知道，一切都需要时间和过程。所以，生活并没有抛弃你，只是你太着急罢了。

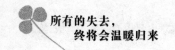

说实话，时间真是个好东西，见证了我们的成长，将我们慢慢打磨成最好的样子，成全一切。

在40岁的时候，廖凡凭借《白日焰火》这部电影成为柏林电影节最佳男主角，实现了中国男演员在柏林电影节的零突破。回顾廖凡的演艺经历，他给人们的感觉一直很小众，但他骨子里总是冒着一股愤世嫉俗的文青和愤青之感。

廖凡主演的电影非常少，用手指头都能数出来。亦或是只叫好不叫座的文艺片，有的根本没在内地上映，但是在电影节上获得提名乃至获得最佳影片和最佳男主角奖项，让他成为不折不扣的文艺片红花。

廖凡很少接商业片，直到最近几年商业片横行才接了一些，尽管他演了许多电影，但从没站在主角的位置上，还被网友封了个"金牌绿叶"的称号。然而，无论是在《集结号》《让子弹飞》，还是在《十二生肖》中出演的配角，他都以主角的态度去对待每一个角色。

有媒体形容廖凡大器晚成，他吃惊地反问："我很老吗？我觉得自己还有很大的发展空间啊！是这个时代太着急了，什么事都追求立竿见影。我不着急，现在电影市场上真正令人回味、能够经久不衰的作品还是太少了。"

如今，廖凡在不惑之年从小配角一举逆袭获封最佳男主角，看得出他身上所有的隐忍都放纵在了《白日焰火》这部影片中。

警察张自力爱上了那个谜一样的女人，为破案慢慢向她靠近，可是身不由己地被她吸引。这种矛盾和挣扎全都隐藏在了平静的外表下，正是这种不动声色的情感，才显示出廖凡巨大的爆发力，因而他才会在结尾放纵地燃放焰火。

张自力的失落和痛苦，廖凡似乎都经历过。这个角色成为他心中

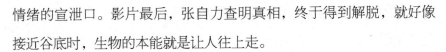

情绪的宣泄口。影片最后，张自力查明真相，终于得到解脱，就好像接近谷底时，生物的本能就是让人往上走。

这么多年，廖凡都不温不火，但诠释的每一个角色都在其封帝的道路上奠定了基础。正是一股认真、执着和坚持的劲儿，才成就了现在的廖凡。廖凡说："只要坚持，就一定有回报。"

回首这十多年的演艺之路，廖凡也谈及过自己接剧本、选角色的心得。他认为，是不是男一号不重要，戏份多少也不重要，关键是角色要有生命力。

他说："一些对人性有多层面刻画的人物，总能打动和吸引我，我抱着开放的态度，什么角色我都愿意去尝试，并且尽量避免重复。我希望把自身的各种可能性通过人物表现出来，这让我觉得很过瘾。"

其实，在那些功成名就的光鲜背后，是一段不为人所知、默默坚持的时光。在那些荣誉与掌声的背后，交织着纠结与挣扎、恐惧与退缩。

我一直相信时间的力量，它淘汰了怯懦的弱者，成全了坚持的强者——的确，时间让强者更强，让弱者更弱。很少人能够少年得志，那多半有一丝幸运的成分。大多人都需要拼搏十年到二十年的光景，才能有所成就。

这个时代的确太着急了，希望什么事都立竿见影。这样的环境也导致很多年轻人太着急了，希望立刻就能得到一切。

但是，人生多半是靠时间打磨出来的。只有经历了痛苦、纠结、焦躁、失败，我们才会真正明白生活的意义。永远都不要轻言放弃，更不要埋怨时间的漫长——你要知道，酒越陈越香。

电影中的一分钟，也许正是人生中漫长的三年五载，甚至是一辈

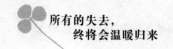
子。在那段默默无闻的时光里，请不要自暴自弃，也不要颓废沮丧，更不要轻言离开。人生漫漫，你永远不知道自己的努力在什么时候会有所回报。

亲爱的朋友，不要因为一次失败就被打倒，每一个成功者的背后都要历经磨难。人生不仅要经历太阳的光照，更要经历乌云的笼罩。

所有的英雄都曾当过狗熊，所有的黎明都从漫长的黑夜走过。在看不到光亮的日子里，你应该坚定信念，凭着一股韧劲向前走。

请相信，明媚和光亮就在前方，时光不会辜负你所有的坚持和努力。

9. 敢于冒险，才能冲出重围

所谓冒险，只有两种结果：
要么尝到鲜美可口的蟹肉，
要么承受失去生命的风险。
他们的人生没有中立和余地。

当大部分人都不约而同地选择了相同的道路、生活轨迹、发展模式时，有些人却选择了不一样的人生。这个时候，他们其实就是鹤立鸡群的人。

当然，你会说这是非常有风险的，更是要付出代价的。

的确，第一个吃螃蟹的人面临着两种结果：要么尝到鲜美可口的蟹肉，要么承受失去生命的风险。他们的人生没有中立和余地。

其实，冒险是成功的重要因素，而敢于冒险的人，要比一般人更容易成功。海尔总裁张瑞敏说："如果有50%的把握就上马，有暴利可图；如果有80%的把握才上马，最多只有平均利润；如果有100%的把握才上马，一上马就会亏损。"

的确，当我们将所有冒险的因素都排除掉，那么也就是将成功的因素都排除掉了。如果一个机会不伴有风险，那么所有人都会去选择，而这也就不是机会了，仅仅是被大众分割的一块肉罢了。

如果你不敢去尝试风险，那么这将是最大的风险，因为这意味着你要面临永远平庸的风险，甚至是被人替代。然而，愿意冒险的人只是占人群中的少数，大多数人无法承受大起大落的人生。

我们可以看到，那些成功的互联网大佬都做了自己领域的第一人。无论是马云的阿里巴巴、马化腾的腾讯，还是李彦宏的百度，都是行业第一。如果他们在冒险的时候总是想着如果失败了该怎么办，如果遇到风险该怎么办，那么他们是不可能创立自己的王国的。

一天，两个农民挑着同样的苹果去集市上卖。A对B说："我们今天到城西去卖吧？城东有太多卖苹果的人了，那里竞争力太大。"

B说："还是算了吧，城西我们都不熟悉，如果那里也有很多人卖苹果怎么办？你看城东的环境我们都熟悉了，遇到事情还能找人帮忙，况且，我还有很多老顾客呢。"

A无奈地说："可是，城东都饱和了，我们应该开辟新的水果市场。"B说："城西那么远，要是在途中遇到什么麻烦怎么办？我可不敢冒这个险。"

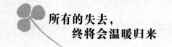

后来，A 说不动 B，于是决定自己一个人挑着苹果去城西。城西果然没有多少人卖苹果，而那里的人多去城东的水果市场买。一开始，A 的生意并不好，因为很难有人发现他的苹果摊。后来，他将自己的苹果价格调低了一点，然后很多人都愿意过来买。

渐渐地，人们发现他的苹果价格优惠，而且和城东的苹果口感没什么差别时，他的生意也越来越好。之后，一天下来，他卖掉的苹果是 B 的四到五倍多。再看看 B，在夹缝中生存的他终于遭遇了亏损。

当我们看到 A 与 B 不同的命运时，是否会思考一个道理：看似没有风险的处境其实危机四伏。相反，敢于冒险的人生才会有所突破。

如果不曾有一颗冒险的心，那么人们将无法发现新大陆，更不会在那里开辟一个新的国度。如果不曾有心怀冒险的精神，那么人们怎会离开地球，去探索外太空的文明？冒险也意味着探索未知，将会挖掘出更多的可能。

当人们选择去挑战一项极限运动的时候，其实也在发现自身的可能性和可塑性。

我们在冒险的过程中，可以打破一切偏见与陈规，更可以在冒险的过程中认识自我、完善自我。当一个人害怕冒险、害怕尝试的时候，他将会错失很多机会；当一个人害怕失败，害怕大起大落的时候，他也将错失更美的风景。

然而，冒险并不代表空手和老虎搏斗，毕竟你不是武松。冒险也不是大闹天宫，毕竟你不是孙悟空。冒险意味着前期的考察与学习，更意味着某种创新。人只有在自己的知识储备和经验积累到一定阶段的时候，才有那个资本去冒险，否则一切只是莽夫之举。

那么，冒险的意义到底是什么？

在冒险的过程中，我们只是在体验一种刺激与挑战，而冒险结束后，我们才能感受到某种从未有过的宁静与快乐。冒险不仅仅让我们接近成功，更让我们在接受某种挑战后获得思考：人生的意义到底是什么？是安于平淡还是继续接受挑战？

对于生命，我们不妨大胆一点，因为它终究是要消逝的。如果有什么可以握住的，那就是曾经在人生旅途中的曲折与颠簸。

将船驶向未知的海洋是一场华丽的冒险，因为我们将面临恐惧与死亡，未知与挑战。然而，也正是因为那一次次的冒险，我们打开了新世界的大门，看到了更多不曾看到的风景。

第三章

原来，曾经所谓的努力只是感动了自己

无论是学而不思，还是思而不学，

都会削弱你努力的结果。

自以为是、不懂反思，

兜兜转转过后才发现自己已经误入歧途。

原来，曾经所谓的努力都只是感动了自己。

1. 你所谓的努力，只是感动了自己

你所谓的努力，

到底是和谁在比较？

又是在做给谁看？

其实，你只是感动了自己罢了。

如今，很多年轻人都在疑问："明明自己已经很努力了，每天会花很多时间去学习、工作，有时熬夜加班到天亮，并且在周末也不放过学习的机会，没有空闲时间出去玩，也没有多少时间去放松。可是为什么没有成效呢？"

还有很多减肥者在疑问："为了减肥，自己已经很多天没有吃过一顿美餐。尽管办了健身房年卡，但成效甚微，这到底是为什么？"

说实话，如果你真的努力了，那一定会有成效的。如果没有效果，那么只有一个原因：你根本没有真正去努力。

在大学时期，很多年轻人励志要做出多么伟大的事情来。他们十点钟起床，然后晃晃悠悠地抱着一本书去图书馆自习。当他们看着图书馆里稀稀疏疏的同学沾沾自喜时，殊不知有人六点就起床跑到天台背单词了。

所以，在某位同学得到去美国的交换生名额时，你不必抱怨学校

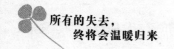
的评判有失公平，或者认为这位同学用了什么不为人知的手段——只是因为他将梦想付诸实践罢了。

工作后，很多人每天匆匆忙忙地上下班、勤奋工作，将几年后要成为马云那样的人物作为自己的目标。只是，殊不知同一批进来的同事在你休闲娱乐的时候忙着给自己充电，考了托福、法律资格证等。

所以，当那位同事得到老板的赏识、加薪晋升时，你不必抱怨上级的偏爱，或者猜测他肯定给老板送了礼，只是因为他用你休息的时间做了更多的努力，将自己的梦想付诸实践罢了。

结果，当若干年后，你依旧没有成为马云、刘强东那样的人物时，也不要愤愤不平，因为你的梦想终究只是空想而已。

不知道你是否还记得，高中时期那些整天在课堂上睡觉、看杂书的同学，在你的眼中他们就是那种成天不学习但考试总能占据班级前三位的人。后来，你觉得自己不用刻苦学习，也能位居前三，实现自己的梦想。

其实，你并不知道，他们在上小学或者初中的时候，看了比你多两倍的书，去了各种辅导班；你并不知道，他们在你看不见的时候，翻阅了多少外文书籍，不懂也逼着自己去看。

你抱怨老天为什么没有给你一个聪明的头脑，让你去实现自己的梦想时，为何不去想想自己并没有足够努力呢？

你总是羡慕朋友圈里晒着各种幸福的人，他们能够到世界各地去旅游，尝遍世界美食，看遍各地风景。当你励志要像他们一样周游世界的时候，自己依旧麻木不仁地重复着某些事，下班后依旧享乐人生。

你并不知道，他们为了一份文案熬夜到两三点的那种艰辛；你并不知道他们在酒桌上忍着胃痛喝下一杯又一杯白酒的挣扎；你并不知道他们为了一个项目，跑前跑后被拒绝了几十次的心酸；你并不知道他们在午夜悄悄流泪，无人诉说的揪心。

你以为他们只是得到了上天的眷顾，你以为他们只是家里有背景，你以为他们只是颜值高——其实，你并不知道他们付出了更多的努力去将梦想付诸于实践罢了。

还记得在网上看到这么一句话：可怕的是那些富二代比你更努力。

当这些本身就享有社会资源的天之骄子更加努力地去实现自己的梦想时，你还有什么理由只是画饼充饥？你还有什么理由浑浑噩噩地停滞不前？

以前，不知道有多少人不喜欢范冰冰，也不知有多少女星提到她会不屑一顾，然而有一个不争的事实就是，她确实用努力去证明了自身的存在价值。她说："一共花了17年。"

你可以说她没有什么拿得出手的代表作，只会靠走红毯来博眼球，炒作手法无人能及，然而你不可否认的是她登顶这一事实。她努力工作、努力赚钱，甚至可以说出"我没有想嫁入豪门，我就是豪门"这样霸气的言论。

的确，她走了一条与其他嫁入豪门的女星截然不同的道路，不依附他人，不用担心自己年老色衰被抛弃的命运。她大可以自由地去选择爱人，因为经济和人格的独立，所以没有任何后顾之忧。

面对一切诋毁与流言蜚语，她练就了一身精钢铁骨，无所畏惧。她没有停留在曾经那个金锁的形象上，而是用自己的努力去改变了自己在娱乐圈的地位。

要记住，一分耕耘一分收获。

你总觉得自己很努力，花了大量的时间和精力去完成某件事，其

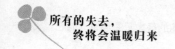
实你一直在浪费时间罢了。真正的努力不会轻易说出来，更不是做给别人看，那只是在骗自己罢了。

2. 遇到点困难就放弃了

> 放弃一件事很容易，
>
> 仅仅在一秒之间。
>
> 然而，坚持算是难上加难，
>
> 也许将耗尽我们毕生的精力。

在这个世界上，我们在做成某件事情之前都会遇到诸多困难。面对眼前一座高峰，放弃很简单，也许仅仅在一秒之间，然而能坚持走到最后就是难上加难，也许将耗费我们毕生的精力。

在开启新世界大门的初期，人们总是满怀希望和信心，认为很快就能看到那个美丽的世界。只是，在尝试了无数把钥匙之后，有些人开始离开了，认为那是徒劳，是在浪费时间和精力。

当人越来越少后，留下来的人就会感受到无尽的压力和孤独。

他们看着离开的人走向了那唾手可得的世界，而自己还在默默地守着自己的坚持。

他们不知道还要尝试多少把钥匙才能打开这扇门，只是怀揣着某种简单且美好的梦想，孤注一掷。

其实，坚持就是一场豪赌。结局只有两个：要么成功，要么失败，没有折中。

有一天上课的时候，苏格拉底给学生们布置了一道题："今天请大家做一件最简单的事情，就是将你们的手臂尽量向前甩，然后再尽量向后甩。"接着他示范了一遍说："从今天开始，请大家每天坚持甩 300 下，能做到吗？"

学生们觉得这件事十分容易，都说自己可以做到。

过了几个月后，苏格拉底问道："你们还有谁每天在坚持甩手臂？"话音刚落，有 90% 的同学骄傲地举起了手。

又过了一段时间，当他再问还有谁在坚持甩手臂的时候，有 80% 的人举起了手。当一年过去了，苏格拉底再问有谁坚持做这个动作的时候，只有一个学生举起了手，他就是柏拉图。

在一开始，很多事情都非常容易做到，甚至每个人都可以做到。然而，最难的就是在面临挑战和压力的时候，你是否还能有顽强的意志力去坚持自己的道路与选择。

有些人都曾经励志去做某件事，例如健身、学英语，但在这个过程中，每当他们遇到困难、扛不住的时候就会选择放弃。

我的初中同学小吉，从初中到高中英语极差，每次考试几乎都是二三十分。就是因为这点，所以也连累了她的高考分数。

高考结束后，小吉去了一所普通大学，然后就没怎么联系了。

如今，我们大学毕业已经有三四年了，不想，竟然在一次大型对外文化交流会议上遇到了她。

小吉的转变着实令人惊讶，甚至可以说让我目瞪口呆。

生活就像是一场反转剧，在不经意间所有人都在改变，无论是好

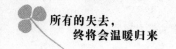

与坏，命运全然掌握在自己手中。

在那次文化论坛上，小吉作为现场翻译为英国代表团宣传中国的古典文化。从一个英语盲到"大牛"的转变，其中的艰辛肯定不是一般人能体会的。

刚入大学时，小吉非常失落。

因为上的只是一所普通大学，所以她整个人的情绪都非常低落，也十分自卑。也就是那个时候，她决定好好学英语，一雪前耻。于是，小吉和同班的几个朋友一起报了四六级英语辅导班。

我们都知道，人一旦跌入了低谷，要想冲出来是非常困难的，这需要强大的意志力和决心。

就这样，每周她和几个好朋友一起去补习班学英语。然而，由于大学生活的丰富多彩，以及诱惑在慢慢增多，去上补习班的朋友在不断减少。有的同学会在周末逛街购物，有的同学会去约会，有的同学会去做兼职赚钱……最后，只有小吉一人还坚持去补习班上课。

尽管小吉很努力，但还是在第一次考四级时失败了。不过，她并没有灰心，因为她深知"罗马不是一天建成的"这个道理。

那个时候，之前和她一起上补习班的同学嘲笑小吉："你花了那么多的时间和金钱，但是收效甚微，还是跟我们考的一样……"

尽管有很多嘲讽，但是小吉没有气馁，两年内坚持周末去补习班，无论风雨，没有一次间断过。在补习班，她认识了许多英语爱好者，彼此交流经验，共同进步。

后来，小吉的英语突飞猛进，在大三的时候成功考过了四级。又过了半年，她以高分考过了六级。这原本对她来说是不可能的事，但是就在这几年内成功突破了。

之后的事情，让所有嘲笑过她的人都闭了嘴。

小吉一鼓作气，又考了托福和 GRE，在大四的时候申请到了一所美国名校。后来，她去美国攻读了英美文学硕士。回国后，小吉去了一家对外交流机构，从事文化交流工作。

其实，很多时候，我们放弃一件事非常容易，也许在几秒内就能脱离苦海，处于一种舒适的状态——但是你的人生也就那样了。

朋友，如果你想挣脱现在的处境，那么就坚定信念，突破各种困难。这也许会耗费很多时间和精力，但对于你的一生来说都是值得的。

3. 不要把责任推给高房价

在能者眼中，

高房价根本不是困难，

任何高峰都可以跨过；

然而，对于那些无能者来说，

高房价是无法触及的高峰，

永远都遥不可及。

现在很多人都在吐槽北上广深的高房价、高消费，然而在吐槽的时候，你是否想过一个问题，如果北上广深那么容易生存，那么这些地方和其他地方还有什么区别呢？

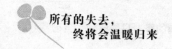
其实，在一线城市，还是有很多人可以买得起房的，甚至能够买几套。这些人包括土豪或是创业有成的小老板，或是高级白领。我们应该形成某种认知：高房价不该成为生活不如意的借口，你之所以处于现在这种情况，是因为你自身的能力还不够罢了。

年轻人总是会因为外在因素去逃避该承担的责任，受到一点苦就觉得天都要塌下来，自己根本无力承担。说实话，这一切都是借口罢了。外在因素是一方面，但是根本还要看自身的努力程度、能力水平、智商，还有情商。

小贝刚毕业就去了一线城市，认为那里有很多机遇，并且可以施展自己的才能。她身边的亲友和朋友都持反对态度，觉得她不该去，认为那样的大城市不适合生存。

面对这些反对和质疑声，小贝是非常反感的。

小贝说："在身边，我总能听到某些相同的声音，认为我去一线城市纯粹是找虐的，甚至一辈子都拼不出结果来，因为房价太高了，我根本无力去承担。

"说实话，我觉得那不是一个有勇气的人该说的话。我们生活在这个世界上，选择一种怎样的生存方式全然靠自己，一线城市有那么多的年轻人在漂着，难道都因为高房价就退缩了？"

在刚去一线城市的时候，小贝非常艰难，每个月交的房租、水电燃气费、物业费等就占了工资的一大半。不过，她还是咬着牙承受着这一切。

她这样说："一开始肯定会很艰难，但是这不可怕，重要的是我能够坚持下去。高租金并不能阻碍我前行，相反，它能够激励我不断努力，超越自己。"

小贝是做销售的，在外全靠一张嘴。她每天都要跑很多地方推销公司的产品，当然也受了很多委屈。

不过，也就是在东奔西跑中，小贝竟然摸到了一些门路。

在那几年的工作中，小贝结识了很多人，也积累了一定的资源，具备了创业的条件。这个时候，除了每月的房租等费用外，她已经有了创业前期的可支配资金。

在创业初期，小贝依旧面临很大的困难，任何事情都需要自己去操心。那段时间，她也想过退缩，觉得自己不该这么折腾，想着直接回老家算了。不过，她很快就打消了这个念头，因为这座城市给了她太多的机会和可能。

机会和风险都是成正比的，而这就是一线城市的魅力所在。

就这样，小贝冒着巨大的风险筹来了创业的第一桶金，喜忧参半。在最痛苦的时候，她接连好几个晚上都睡不着觉，并且一直在脱发。

很多人都劝小贝不要太拼了，一线城市的生活成本太高了，不行就回老家去。小贝笑着说："我都走到这一步了，难道因为一点困难就退缩了吗？"

的确，这就是一个优胜劣汰、适者生存的社会。在能者眼中，任何困难都不是困难，任何高峰都可以跨过。然而，对于那些无能者来说，他们会懦弱地认为，任何事都遥不可及。

经过了一段时间的努力后，小贝的公司终于创立了，并且她成为圈内最年轻的女性创业者。是的，对于一个白手起家的女孩子来说这是艰难的，充满了各种挑战，但这又是一件激动人心的事，因为她扛住了各方面的压力。

在没有开始一件事之前，我们总是被面前的高峰所阻挡，甚至会

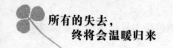

退缩。其实，我们并不知道，高峰都是需要一步一步去攀登的，而能一步跨过高峰的只有巨人。

我们都是普通人，在没有超能力的条件下只能慢慢去翻越。不过，这个翻越的过程是必经之路，是任何人都无法绕过的路。

所以，刚开始，我们根本不可能买得起房，但是随着时间的推移，在能者的眼中，任何事都可以完成。

既然受不了高房价、高消费、强压力，那就不要怪罪于一线城市的难生存。同样，既然一线城市不容易生存，那么就不要去。

与其吐槽，还不如努力提升自己。既然买不起房，那就租房，不要想着年轻的时候就能得到一切。

生存压力的背后，是一个人不断挑战自身潜能和极限的过程。当你闯过了那一关，自然会有很大的成就感和满足感。

说实话，任何外在条件不该成为我们无能为力的借口，更不能阻碍我们前进的步伐。

生活是一个不断超越的过程。当你能超越一切外在因素的时候，也就练就了坚强、无法被摧毁的内心。

4. 要做就做独一无二

所有引领潮流的人，

都秉承着一个理念：

拒绝雷同和跟风。

大洋彼岸的一位美国富豪说过："再醒目一些，再特别一些，再超凡脱俗一些。"

在生活和工作中，大家很喜欢借鉴或者照搬他人的成功模式，认为自己也可以通过这样的路径抵达成功。

可是，残酷的现实告诉我们，脱颖而出的人绝对不会复制前人的老路。无论是一个人，还是一家企业，如果想要立于不败之地，都必须将自己变得独一无二，无法被人复制。

什么叫无法被复制？这就好比在大街上，我们总能看到形形色色的美女，但总觉得她们似乎都是一个模子刻出来的"网红"脸。最终，真正能吸引我们眼球的是那些拥有独特气质的美女——

当所有女孩子都穿着短裙的时候，如果有一个穿着长裙的女孩缓缓走来，那么，我们麻木的神经必将受到某种刺激；当所有女孩子都留着长发的时候，如果有一位梳着清新丸子头的女孩擦肩而过，那么，我们绝对会被她的与众不同吸引。

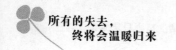

为什么这个世界上只有一个乔布斯，一个李小龙，一个迈克尔·杰克逊，一个玛丽莲·梦露，一个奥黛丽·赫本……是的，他（她）们在被后人所模仿，但永远无法被后人超越。

很多人都会模仿他们的言谈举止，但是他们的精神气韵和人生经历是无法被后人复制的，而这才是他们成为独一无二的关键。乔布斯曾经说："领袖和跟风者的区别就在于创新。"

领导者总是占人群中的少数，而跟风者占多数。

当领导布置某项任务的时候，大多数员工都会采取某种投机取巧的方式：通过搜索引擎，就能跳出很多成功的案例。然而，这样做的结果是千篇一律、复制垃圾。

现在的大学课堂也是，当老师布置了一篇作业后，同学们都不会去思考，而是去搜索网络，之后便胡拼乱凑应付交差了。最终，几十份作业也许都大同小异。

一个人或一家企业的成功，主要是具有不可"复制"性。

很多时候，人们总是喜欢"复制"其他企业的模式，但往往这种复制都会以失败告终，因为每一件事的发生方式、所处环境是不同的。当一家企业复制成功者的硬件设施的时候，却往往忽略了他们所具备的优秀员工，那些人是不可被复制的。

1992年，曾任英特尔公司高级行销主管和副总裁的达维多提出，任何企业只有不断更新、超越、淘汰自己之前的产品，才能在市场上一直占据主导和领先的地位。

这也就是说，在当今激烈的市场竞争中，企业只有尽快更新换代自己的产品、创造出新产品，并且使其及时进入市场，成为市场和产品的标准，这样自己才不会被市场淘汰，才能成为游戏规则的制定者。

要想做规则的制定者，那么，必须要在技术上永远保持领先地位。

人们在市场竞争中无时无刻不在抢占先机，因为只有先入市场，才能更容易获得较大的份额和高额利润。在产品开发和推广上，英特尔公司一直奉行达维多的理论，并且获得了丰厚的回报。

在竞争激烈的互联网时代，英特尔公司始终是微处理器的开发者与倡导者。也许，他们产品的性能并不是最好的，速度也不是最快的，但一定是最新的。

为此，他们不惜忍痛淘汰市场上卖得正好的产品。当年在 486 处理器还大有市场的时候，公司有意缩短了它的技术生命，用奔腾处理器取代了它。

也正是因为不断淘汰旧产品，推出新产品，英特尔公司才能一直把握着主动权，将竞争对手甩在身后，引导并掌握着市场。

同样，不要照搬别人成功的路径，因为每个人的生活轨迹、家庭教育、成长经历都是不一样的，我们必须学会用自己的方式去走一次。

其实，人们不愿意创新的原因可归根于懒于思考，只是坐享其成他人的成果。现在的真人秀节目大多都是引进国外节目的成功案例，因为它们都经过了市场的检验。引进的方式的确减少了巨大的风险，充分保证了收视率。

只是我们不知道，这些成功的案例曾经耗费了多少人力和财力，耗费了多少工作人员的脑细胞。

避免风险的同时，我们的团队也少了某种创新意识，也慢慢降低了自己的竞争力。从长远角度来看，这是一种非常不好的情况，因为我们会在这种坐享其成中慢慢变得懒惰、麻木，变得逃避一切风险。

现在，我们总是在谈创新，那么该如何创新？这又是一个至关重

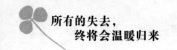
要的问题。其实，有一点非常重要，那就是打破现有的规则和制度，走一条与众不同的路。

20世纪80年代，以索特萨斯为首的一批设计师结成了"孟菲斯设计集团"。孟菲斯集团的唯一规则就是没有规则，他们反对一切固有的观念，认为世界是通过感性来认识的。

他们认为，设计不仅要让人们的生活变得快乐、舒适，更要打破某种内在的等级制度。

索特萨斯认为，设计的过程就是在设计一种生活方式，没有确定性只有可能性，只是一个瞬间，没有结论。

正是这种没有规则的、自由的氛围鼓励了成员的思想交流，让设计师在形式、功能、颜色和材料方面产生了更多更好的创意。他们认为，产品的功能不是绝对的，在肯定产品使用价值的同时，更强调设计应该表现特定的文化内涵。

因此，孟菲斯集团的设计尽力去表现各种富于个性的文化意义，表达了从天真、滑稽直到怪诞、离奇的不同情趣，而这也彻底转变了人们对家居设计的看法。

朋友，当你发现自己在重复以前的老路时，就该警醒自己换一种思维方式，因为雷同只能将自己逼向死路。

脱颖而出的方式并非是做得最好，而是应与众不同，这样才能掌握主动权。

5. 没有点装备，怎么打怪兽

人生就是一个打怪兽的过程，

随着敌方力量的增强，

我们需要更厉害的装备和武器，

才能让自己处于不败之地。

玩过游戏的人都明白，游戏的通关需要一个过程，是技术和心理的不断完善。随着敌方在慢慢变强大，我们需要更强大的装备和武器，以及战胜他们的坚定信念。

年轻人都应该要明白，一个人没有点装备还怎么混社会？你以为赤手空拳就能闯荡江湖？这的确是天真的想法。

现在单位用人开始不断走向专业化、技能化，如果你没有点拿得出手的技能，是不能在社会上立足的。

在毕业季，很多学生都开始大量地投简历，然而，他们收到的面试通知却少之又少。到底是哪个环节出现了问题？

说实话，很多毕业生都是名校毕业，简历也很漂亮，但为何不能得到用人单位的青睐？

其实，最根本的原因还是，他们缺少一项可以拿得出手的技能和专长。很多学生的简历上都写着"参加××大型会议""参加××

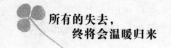

活动"……这些事件不能证明你的专业素养，只能算是一种经历。

用人单位不需要看你这些华丽的外表，而是具体的技能，正如教师证、律师证、会计证这些足以证明你技能的资格证书。为什么？在市场化经济下，他们要的不是花瓶，而是一个能够很快上手、帮他们获取更大利益的员工。

毕业季，在大家为工作奔波和忧愁的时候，小杰拿着她的简历轻松得到了一份文案工作。工作后，她才发现自己光有文字功底是不行的，还必须有其他能力——因为公司更青睐身兼多种技能的员工，那样可以节约成本和时间。

在文案工作之余，小杰又去学了Photoshop、视频剪辑等软件，为公司制作了许多宣传片。

此外，小杰还去提升了自己的英语水平。

我们知道，高中和大学时期的英语学习几乎都是为应试准备的，缺少实用性。等到工作后，我们才发现能听懂和交流才是学习英语最关键的问题。后来，小杰花钱请了一个外教专门教她学习英语。尽管费用很高，但她认为这是前期的必要投资，以后必然能得到很高的回报。

在此期间，公司开始了与国外的生意往来。由于小杰出色的英语能力，公司没有另请专业的英语翻译，因为就算请一个英语好的人但是不熟悉公司具体业务也是白搭。

就这样，小杰成了公司对外业务的骨干力量。公司派她去了欧美等国家，无论在书面英语还是日常表达方面，她都能轻松胜任。

这些成绩，是小杰背后的巨大付出。

你能否想到，当年在大学里，小杰连英语六级都没有考过，为何在短短一两年时间，她的英语有了飞速的进步？

说实话，她付出了常人无法想象的努力。

每天下班后，她不会去休闲娱乐，而是将所有的精力都投入到了英语学习上。到了周末，她会去外教那里专攻口语。从一开始的"菜鸟"到后来的"大牛"，她跨越了一个又一个困难。

当大家问她学习英语的诀窍时，她只是简单地说道："没什么秘诀，就靠毅力和努力。一开始就像小孩子学说话那样，什么都不懂，听什么都像天书。那段时间我特别自卑，很后悔从前没有用心去学，导致现在要花更大的努力去挽救。不过这不是什么致命性问题，起码我还有改变自己的可能，只是要付出更多的时间和努力罢了。"

连续一年的时间，小杰都将时间放在学习英语上。她将英语融进自己的生活中，将手机语言都换成了英文版本，这样可以将英语变得更加实用。

你也许以为她的晋级就这么结束了？当然不是。她又去参加了礼仪培训，因为在对外工作中需要了解不同文化的内涵。

在对外生意洽谈中，正是由于小杰的努力，双方避免了很多不必要的麻烦。后来，公司非常器重小杰，将她升到了核心管理层。

每一种职业都需要有一个晋级的过程，如果想要达到更高的层面，那你就不能停滞不前。

为什么有些人在一个职位上很久，就是升不上去呢？不光是机遇的问题，更是他们停滞不前的态度问题。就算你进入了一个非常安全的平台，也不该有所懈怠，要知道，你只有具备更多的装备才能更好地打怪兽。

我非常欣赏那些什么都会的女人，身兼数职，十项全能。她们是

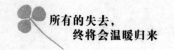

这个时代的标志，更是独立自强的标志。

这个社会不需要闲人。所以，你如果没有一点拿得出手的技能和专长，那么很容易会被怪兽打败，失去生存的可能性。朋友，还是踏踏实实学点实在性的东西吧，那是你打赢怪兽的关键。

6. 你还在明日复明日吗

拖延，是一种病症，

是阻碍你前行的绊脚石，

更是腐蚀你灵魂的慢性病毒。

很多人都会犯一种病——拖延症。这是一种慢性病，能够在不经意间腐蚀一个人的灵魂，消磨一个人的斗志，最终将这个人彻底击败。

造成拖延的原因有很多，但无论是哪一种原因，我们都应该清楚一点：千万不要让拖延症成为你前进的绊脚石，让它击碎你的梦想，甚至埋葬你的一切潜能。

拖延症患者里有一类人叫完美主义者。

完美主义者总是希望将事情尽善尽美地完成，然而这也导致了拖延的开始。他们往往不会轻易去开始一件事，而是等待时机和条件的成熟。可是这样的等待，最后会让他们变得非常匆忙与慌乱，最终无法完成任务。

　　女友 A 就是这样一个典型，万事都追求完美主义。追求完美主义本来是好事，但是过分地追求也许会耽误做事情。有一次，单位让她负责新年歌会。然而，由于她对舞台的布置、灯光等硬件要求都非常苛刻，达不到她的要求坚决不能进行下一阶段的任务。

　　正是因为这样的"完美主义"，耽搁了后续的工作以及彩排，最后在歌会开始之前所有人都变得非常匆忙和被动。

　　当所有人都抱怨她的时候，她才开始反思自己的拖延症。由于自己过分追求完美，给周围的同事带去了巨大的麻烦，并且差点导致歌会无法如期举行。

　　之后，她说："这件事以后，我开始允许不完美的存在。我开始意识到自己和别人不可能不犯一点儿错误，我更明白这样导致的拖延是不可饶恕的。我现在才明白，真的没有必要事事都讲求完美。"渐渐地，她学会了接受不完美，并且办事不再拖延。

　　如果说，完美主义者的拖延症源于近乎苛刻的高要求、高指标，那么颓废主义的拖延症就源于退缩心理。他们往往有着畏惧心理和畏难情绪，觉得所有事情都太难，超出了自己的能力范围，于是他们便产生了明日复明日的心理，一拖再拖。

　　女友 B 正是如此，遇事总想着退缩。

　　记得有一次，领导让她去采访一位知名企业家，并要写一篇高质量的访谈报告。然而在搜集资料的过程中，女友 B 产生了恐惧心理，认为自己根本无法胜任此任务，到了最后几天她已经烦躁得不再准备了，并决定将这次的采访任务让给他人。

　　领导听了大为惊讶，问她："出了什么问题吗？这可是一次很好的锻炼机会，你怎么能轻易放弃呢？"

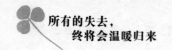

于是她将自己害怕的事情说了出来："我觉得自己根本没有这个能力，而且采访如果非常失败，那就惨了。"

后来，领导建议她："你可以把采访人物的内容分为几个部分，将容易的先做好，降低任务的难度。这样稳步进行后推迟自己退缩的心理，就能完成任务了。"

后来女友 B 按照领导的建议，将企业家的各项资料由易到难备好，各个击破。最后，她非常完美地完成了这次采访任务。

后来她告诉我："其实吧，千万不要害怕开始，更不要害怕出错，因为你不开始，将永远不知道自己有多优秀。人往往都会因为不自信而害怕尝试，所以更害怕失败。"

当然，还有一种拖延症患者更为消极，就是缺乏自信，他们认为自己所做的一切都是靠运气。这种拖延症患者比畏惧者还要糟糕，因为他们根本不打算去开始某件事。

在大学时期，女友 C 的英语非常好，但是她总是缺乏自信。有一次演讲比赛，大家都推荐她代表班级去参赛，然而她一直保持着抗拒的态度，认为自己根本做不到。

后来，拖延了好几天，辅导员找到她，问："你的英语很棒，为什么没有信心？"她说："我觉得那都是运气，其实我很差劲的。老师，您还是找别人去参赛吧！"

辅导员说："你应该树立信心，把握机会，不要因为缺乏自信而放弃了。"就这样，C 被大家鼓励着去参赛了。

比赛的结果都在大家的预料之中，女友 C 得了第三名。不过，这样的结果让她觉得非常惊讶。辅导员告诉她："其实，你的水平已经达到了那个层次，只是你自己不知道罢了。"

没错，女友 C 的拖延症完全是缺乏自信引起的。如果一开始她就树立信心，认为自己可以办到，也许她能取得更好的成绩。

　　"明天再做吧""以后有的是时间""现在时机还不成熟""我觉得我根本没有能力办到"……每当听到这样的话，我心里就会想：如果你现在不做，那么你永远都不会做了。

　　请不要让拖延症占据你的工作与生活，一旦形成了拖延的习惯，你的人生将失去主动权，变得非常被动。

　　回想那虚度掉的青春年华，你会发现很多都是拖延症惹的祸。其实，你本该可以做成某些事，赢得更多的机会，然而就因为那小小的拖延症将一切都断送了。

　　戒了吧，拖延君。

7. 将有限的时间花在重要的事上

　　　　一个人的生命有限，

　　　　因此，请将宝贵的时间

　　　　花费在最重要的事情上。

　　孟子的名篇《鱼我所欲也》中提到："鱼，我所欲也；熊掌，亦我所欲也。二者不可得兼，舍鱼而取熊掌者也。"这句话强调了如果不能同时兼得两物时，人们该怎样舍取。

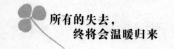

其实，这也告诉人们好的东西是不能都占有的，就如一山不容二虎一样。可是，人也是贪婪的动物，总是希望能做好一切，甚至能得到一切。然而，当一个人越想将一切占为己有时，他失去的也越多。

在这个世界上，我们的生命是有限的，如何善用宝贵的时间去取得成功值得我们思考。

在研究生第一堂课上，讲授比较文学课程的教授就跟我们提到了著名的"二八定律"，而也正是这条定律指导了我三年的研究生时光。

"二八定律"是 20 世纪初意大利统计学家、经济学家巴莱多发现的。巴莱多在对 19 世纪英国社会各阶层的财富和收益统计分析时发现了一个重要现象：社会 80% 的财富集中在 20% 的人手里，而其余 80% 的人只拥有 20% 的社会财富。

这也就意味着，在任何事物中，重要因素通常只占 20% 这一小部分，其余的 80% 尽管占多数，但都是次要因素。所以，只要人们能够控制那些重要性的少数因素，就能控制全局。

经过多年的演化，"二八定律"被运用于各个领域，例如在管理学中，公司 80% 的利润来源于 20% 的重要客户，其余 20% 的利润则来源于 80% 的普通客户。

这个定律告诉人们一个道理：不必将时间和精力花费在琐碎的事情上，而是要抓住最重要的部分。如果一个人能够将自己有限的精力投入于一两件事，缩小做事的范围，那么他成功的机会将会大很多。

教授花了将近一堂课的时间强调了"二八定律"的重要意义，他说："不要以为三年的时间很长，其实转瞬即逝。你们总是会产生某种幻觉，认为自己可以在这三年里读遍中外所有书籍，可那是不可能的。你们如果能用有限的时间和精力去钻研一个文学课题，并且朝着这个方向一直深入下去，那么你们将有意想不到的收获。"

一开始我并没有明白教授的话，但随着时间的流逝，自己越来越懂得这条定律的重要性。

大学毕业那段时间是同学们最迷茫的日子，因为摆在大家面前的选择有很多：找工作、考研、考公务员、出国……这就像摆放在超市货架上五花八门的商品，毕业生都不知道该如何抉择。

那时候有个非常厉害的同学，她说自己做了几手准备：考公务员、考研和找工作。

其实，她的成绩很好，如果考研肯定没有问题的。然而，正是因为选择太多让她显得特别慌乱。

经过了国考的失败、考研的失败、省考的失败后，她又焦头烂额地四处投简历，最终她去了一家自己非常不满意的公司。

大家对她的就业结果都非常诧异，都奇怪为什么平时那么优秀的她在后面的考试中都失败了。

反观有些并不优秀的同学，有的考研成功了，有的考公务员成功了，有的出国了，有的应聘进了比较满意的单位……

其实，相比于其他专注于一个目标的同学，她的目标太多了。正是因为什么都想办到，最终才什么都没有得到。

还有一个同学小尹，毕业后开了一家咖啡馆。当时大家都不明白她开什么店不好，非要开一家特别容易倒闭的咖啡馆。然而，几年下来后，小尹的咖啡馆不但没有倒闭，而且生意越来越好。

后来聚会的时候，同学们都问小尹店里出售的咖啡有什么与众不同。她笑笑说："其实我卖的咖啡并没有什么特别的，关键问题在于我注重售后服务，而好的售后服务能留住大量的老顾客。"

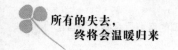
的确，小尹花了大量的时间和精力在售后服务上。她每个月会给老顾客很多优惠活动，例如买一送一、积分兑换礼物等。

其次，小尹非常注重顾客在咖啡店里的体验，无论顾客提出什么要求，她都会尽量去满足——

如果有顾客觉得身体不适，她会为他们提供毛毯或者体温计；如果遇到雨天，她会在店里准备很多雨具；如果有顾客赶时间需要打车，她会用打车软件提前为他们叫车；如果有顾客的东西需要寄存，她会放到带锁的柜子里去……

小尹说出这些细致入微的服务后，所有人都震惊了。她说："这样做虽然很累、很麻烦，但是这一切都是值得的。正是因为这些让人觉得温暖的售后服务，所以我的咖啡馆留住了大量的老顾客，而他们为咖啡馆带来了直接的经济效益。老顾客的长期光顾是咖啡馆稳定收入的来源，这对利润的提升起着非常重要的作用。

"当然，老顾客还可以带来间接的经济效益——因为有老顾客的推荐，所以越来越多的新顾客会光顾，有的时候生意都忙不过来呢。其实，他们都是奔着我的售后服务来的。"

正是有着这样的经营理念，小尹的店才能在众多咖啡馆中脱颖而出。她并没有将精力投入到吸引新客户上，而是紧紧抓住了那些最重要的老顾客。

很多时候，人们总以为自己可以做个超人，面面俱到。其实，这样的想法与做法会分散你的精力与时间，并且很难达到预想的效果。

当一个人懂得放弃某件事情的时候，其实他也获得了某种自由。你放弃的那件事或者那段感情，总归会有另一件事或另一段感情来填补这个缺口。这个缺口或许为你赢得了更多时间，将注意力集中于自己可以胜任的工作上。

如果你想要在某一领域取得成功，那么就请放弃一些事情，将自己大部分的精力投入在最重要的事情上，这会产生意想不到的效果。

有能力放弃的人，也有能力得到。

8. 每一次瓶颈都是一次提升的机会

瓶颈是生活中的一次阻碍，

随之而来的是压力、焦虑和挑战。

但是，当你跨过这段时期后，

你的人生将会有一个非常大的改变。

在生活、工作和情感中，我们都会遇到瓶颈期。

这是一个非常特殊的时期，很多人都会不自主地选择退缩，并且会持续地否定自我、找不到方向。然而，当跨过这段时期，我们的生活就会发生转变，上升到一个新高度。

硕士毕业后，我跨入了电视圈，对我来说，这是一次巨大的挑战。一进栏目组，制片人就告诉我："栏目组不养闲人，电视圈不需要只会写东西的人，你还需要具备更多的技能。"

我明白，跨行是有风险的，面临的压力和挑战是无法想象的。当然，想要放弃也是可以理解的。在一群科班出身的工作伙伴中间，我

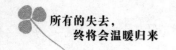
会变得很不自信，甚至会无比自卑。

很长一段时间以来，我都从事着文字工作。然而，电视栏目的制作过程完全不同，它是一群人合作的产物，不是一个人就能解决的。作为编导，除了前期的采编、构思外，还要去考虑拍摄、录制、剪辑、审片、播出等各个环节。

一开始，当我面对这些流程时，内心是极度崩溃的。我每天都在怀疑自己的选择，反复问自己："我真的适合这一行吗？这真的是我喜欢的工作吗？"

真的，有时候为了一场只有半小时的采访，加上路上来回要花去半天或者一天的时间，还有大量的稿子需要去写，这耗费了我不少休息的时间。短短两个月，我都处于一种忙碌的状态。我知道，抱怨、心烦意乱、退缩心理都是因为我自己的能力还没达到，没有适应这一行的节奏。

身份的转变需要一个适应的过程，当然也要填补那种心理落差。从之前对写稿的自信，到后来对电视制作的束手无策，这肯定是一次巨大的挑战，更需要去学习。

每天回到家，我会想，那就算了吧，如果不能承受就放弃，回到单纯写文的日子不知有多舒服。可是，每当我想放弃的时候，都会反问自己："你那么喜欢影视，好不容易入行，就这么轻易放弃了吗？"

我特别记得和我一组的拍档跟我说："你才入行，遇到这些困难很正常，千万不要这么快就放弃了。当你对电视制作的流程驾轻就熟后，你会非常有成就感的。你知道吗？每当听到许多观众对我的肯定的声音，我就特别开心，因为在很大程度上节目可以陪伴他们度过闲暇时光，在一定程度上缓解了他们的压力。"

是的，当你辛苦地完成一期节目，看着它在电视上播出后，那种喜悦是无法用言语形容的。

是的，瓶颈并不可怕，可怕的是你遇到瓶颈时那颗退却的心。除了要熟悉和学习这一系列流程外，我还要应对采访过程中的突发状况，因为不是每一位嘉宾都愿意配合。

后来，我们做一档演讲节目，要去采访一位权威的医生。那天，我和搭档给他看样片时，他表现出了极大的不屑一顾。我安慰自己："有些'大牛'可以理解，总归会先给你这种无名小卒一些下马威。"

然而，情况比我想象的还要糟糕，那位医生狠狠地将我们的节目批了一通，甚至质疑节目的出发点，认为太过商业化。

那时，我非常疑惑，甚至怀疑自己做事的初衷。后来，制片人跟我说："亲爱的，你还真是嫩了点，在外面和人打交道，这点事就怕了？他们说你不好，你就去改变自己的方向吗？不要因为几种不同的声音就否定自己所做的事情，那是非常幼稚的。做了几百期节目，为什么大部分观众的反馈都是好的呢？如果你总是关注那几种不同的声音，那么将不断给自己带来烦恼，这可不是一个电视人该有的心理素质呀！"

的确，制片人说得很对。当你只关注那几种反对的声音时，你就会钻牛角尖，陷入困境中。不同的声音可以让你反思，并且刺激你去做改进——这是好事，但千万不要因此放弃。

在日常生活中，遇到瓶颈是非常正常的，关键就看你怎么应对它。

是的，每一次瓶颈都是一次巨大的挑战。当你跨过这段瓶颈期后，你将会到达一个新的平台，看到更精彩的风景。

第四章

原来，情商高才是智者的体现

你总以为自己怀才不遇、生不逢时，

甚至觉得天妒英才。

原地踏步很多年后，

你才发现一切都归咎于自己的心智——

原来，情商高才是智者的体现。

1. 别人没义务为你的情绪买单

不是所有人都会像父母那样

可以无条件包容你的小性子，

他们更没有义务去为你的情绪买单，

所以，还是控制一下自己的情绪吧！

在人际交往中，总会有那么几个奇葩的人和大家格格不入。无论在任何场合，似乎只要有什么话说错了就能触碰到他们的某根神经，然后他们便开启了报复模式。

这些人就像恋爱中的姑娘，翻脸比翻书还快。

我有个同学叫米米，她的情绪多变，让所有人都无法猜测。她总是在大家有说有笑的时候变脸，甚至在几秒内就不理人了，这样的行为让所有人都无法理解。

有一次，我们去外面喝茶。大家正天南海北地聊着，她突然就不说话了，自顾自地玩着手机，对谁都不再理睬。

后来，有一个男生觉得不对劲，想改变这尴尬的气氛，于是决定玩"真心话大冒险"。但是，米米依旧不买账——等到瓶子转向她的时候，她依旧自顾自地玩着手机，不愿意抬头。

那个男同学不断起哄，问她玩"真心话"还是"大冒险"。最后，

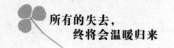
她突然涨红了脸，说了一声："能不能安静点！"之后就生气地走了。当时，所有人都震惊了，不知道发生了什么事。

还有一次更让我们错愕。那天，大家一起去上课，米米一路都没有说话。我们叫她，她也不理睬大家。

之前，我们都是坐在一起上课的，但是现在米米一个人坐到了另一个班的同学中间，并且有说有笑，和她们交谈甚欢。下课后，我们叫她一起去吃饭，可是她头也没回，独自一个人走了。

米米不仅情绪多变，还经常几天不理人。尽管她有的时候对大家也很好，但很多时候情绪突然就变了，没有一个定数。

和这样的姑娘在一起是非常辛苦的，因为所有人都必须看她的脸色行事，生怕哪句话说错得罪了她。这种情况经过很多次后，所有人都受不了米米了。上课时，大家不会跟她一起走；下课后，大家也不会叫她一起去吃饭；周末，大家也不会和她一起出去玩。

有一天，米米找到了我们，希望大家能够原谅她。原来，她从小就是这样的性格，心情不好就不愿意说话，不愿意理睬周围的人。

的确，在家中，家人们可以无休止地包容她，甚至是纵容她。然而，离开家后，她以为其他人也和家人一样，能够无休止地包容她这种情绪。但是，她错了，并不知道这个世界上没有人有义务为她的情绪买单。

要知道，将情绪写在脸上是一种非常幼稚的行为。很多年轻人都喜欢在家人面前爆发自己的情绪，因为觉得家人永远不会离开自己，可以无止境地包容自己。

我很佩服之前遇到的一个女孩子冉。她是公司高管，处理各种问题都是一流的，只要遇到客户投诉等重大问题，上司都会找她去解决。

有一次，由于公司产品问题，一群人找来要赔款。那些人根本无法控制自己的情绪，来到公司就开始大吵大嚷，甚至扬言要砸了公司。

冉见状立刻站了出来，说："请大家稍安毋躁，我们一定会给大家一个合理的解释。"

然而，那群人并不买账，有一个中年女人直接拉住冉的衣领说道："姑娘，你们简直就是坑蒙拐骗的黑店，这是严重的欺诈消费者行为。姑娘，也不知道你爸爸是怎么教育你的。"

旁边的男同事看不下去了，想要上去拦住，但是冉一直朝他摇手。她心平气和地对那位中年女人说："女士，很对不起，我们一定会圆满地处理好这个问题，绝对不会让大家的权益受到损害。"冉笃定的眼神，礼貌的态度，让这位中年女人感到了一丝羞愧。就这样，她松开了冉的衣领。

这件事解决后，冉松了一口气。据说，她后来直接跑到洗手间痛哭了一场。其实，她不是因为这件事痛哭，而是因为在处理这件事之前，她得知肺癌晚期的父亲已经离开了人世。那个时候，她一定是异常悲痛的，但还是忍了下来，没有将情绪传递给任何人。

这样能控制好自己情绪的姑娘令人敬佩。如果放在一般人身上，他们肯定会受不了，或者在这些人面前失控，再或者会产生各种极端行为。

我很害怕跟那些将情绪写在脸上的人相处，只要说话不留神，就有可能触动到他们敏感的内心，本来一场开心的聚会就能变得异常尴尬。

现在的年轻人应该明白，在这个世界上，没有人欠你的，大家对你好，你不该无止境地消耗这种感情。成年人应该控制好自己的情绪，

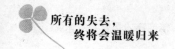

不要总是那么多变，甚至得寸进尺。

无论你是谁——失恋也好，工作不顺心也好，心烦气躁也罢，请不要将自己的坏情绪带到朋友中去，你不该因为自身的问题而导致所有人闷闷不乐。

所以，请控制好自己的情绪吧，没有人有义务为你的坏情绪买单。

2. 用积极的心态去面对生活

生命需要光亮，

更需要一切优良的品质，

诸如乐观、自信、忠诚。

很多时候，看待生活和世界的方式决定了一个人的成败。

如果你内心保持着积极的思维方向，那么一切优良品质都会伴随你左右，诸如乐观、自信、忠诚、进取都会给你的人生带去光亮。如果你内心总是保持消极的思维方向，那么一切负面品质将持续缠绕你，诸如犹豫、自卑、恐惧、回避责任等消极心态都会将你引入黑暗境地。

在面对困境时，很多人都会用悲观的情绪去面对。这种悲观的情绪会产生连带的负面效果，甚至会影响周围人的情绪，降低办事效率，甚至影响生活质量。

我很讨厌和那些满身负面情绪的人打交道，因为他们总是以一种悲观的态度去面对任何事情，例如："如果做不好该怎么办？""我觉得我的能力还不够，根本无法承担这个任务。""今天真的很累，我好想放弃。"就这样，他们的生活永远都是黑暗的，似乎永远都看不到希望。

我记得从前有个同学，在做任何事情前都会想到最坏的结果。在上学时，在期末大考前，她会一直焦虑，担心自己考不好。

我们都很奇怪，还没有考，为什么要那么悲观呢？与其花时间焦虑，还不如利用这些时间再复习一下功课。说实话，每次她的考试结果也并不像她想的那么差，只是她自己在担心而已。

工作以后，有一次组织大型活动时，她忘记了领导嘱托的事情，最后被训斥了一顿。如果是正常人，那么这件事也就过去了，以后提醒自己不再犯就好。不过，我这个同学特别敏感，整整一个月为这件事茶饭不思，一直都在失眠。她逢人就会问自己会不会被炒了，或者担心领导对自己有什么看法。

说实话，她真的太悲观了，将这件事的情绪一直延续到日后的工作和生活中。

就这样，这位同学被这种悲观的情绪纠缠了很久。

有一天，领导将她叫到办公室，说要给她升职，这一安排让她非常惊讶。其实升职并非偶然，由于前一阶段她不经意间拉到了一个重要项目，为公司赢得了一次发展机遇，所以领导希望她以后能负责这个项目。

当时，她惊得都说不出话来。

事后，她为了庆祝自己的升职，请大家出来吃饭。那个时候她很抱歉地说："真的很对不起大家，害你们这一个多月以来一直都在安

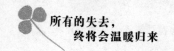
慰我。其实，如果知道是这个结果，我完全没有必要这么担心。”

　　的确如此，我们很多时候都是在自己吓自己罢了，所谓杞人忧天便是如此。与其悲观地面对一切，还不如笑对生活中的一切，无论是好的还是坏的，结局肯定不会如我们想象的那么糟糕。

　　生活不可能永远都一帆风顺，更不可能永远都是暴风骤雨，我们这一生终究是归向同一个地方，只是路径不一样罢了。

　　说实话，在做每件事之前，我们应该有一个积极的心理暗示，要不断地告诉自己："我一定可以办到。"在积极的心理暗示中，即使事情再困难，至少我们不会消沉下去。

　　我很感激自己的父亲和母亲，因为从小到大，他们都保持乐观的态度，一直都在鼓励我。

　　当一个孩子成绩退步，或者持续不前的时候，很多家长都会去责备他。比如："你怎么那么没用呢？这么简单的考试都不会？""你成绩这么差，以后怎么能考上大学？""你找的是什么工作？工资这么低？"在这种消极的环境中，孩子怎么能健康地成长呢？

　　在高中阶段，我的成绩非常不稳定，大起大落。

　　由于我的考试心态非常差，很容易紧张，每到大考就失败。不过，父母都没有责备过我，并且一直在鼓励我："没关系，爸爸妈妈相信你，你一定可以成功的。"

　　我很感激他们的鼓励，让我保持着积极乐观的态度。直至现在，每当遇到不如意的处境，他们依旧这样鼓励我。我知道，不如意是暂时的，终究会过去。与其悲观失落，还不如积极应对挑战。

　　人生非常漫长，我们总会遇到诸多不如意的事情。在生活和工作中，挫折与失意、痛苦与烦恼总会反反复复地出现，困扰着我们，当然也产生了诸多消极影响。

如果我们总认为命运不公，整日怨天尤人，那么生活就会黯淡无光，甚至在哀怨愤懑或浑浑噩噩中耗费时光。如果我们能始终保持微笑去面对生活，那么诸多困难都会迎刃而解。

3. 你该有一个正确的定位

我们该有一个正确的定位，

这样才不至于故步自封，

一叶障目。

现在有很多海归回国找工作，给用人单位开出的条件往往是月薪几万。很多时候，毕业生们应该想想，有些工作了十几年的人都没有月薪过万，凭什么你就该这样呢？

评估自己的能力水平很重要，因为那是你开始漫漫征途的基础。对于年轻人来说，定位太高或太低都不是好事。定得太高，无论你如何努力，那都是一个遥不可及的目标；定得太低，你将轻而易举地办到，会导致一叶障目的结果。

一个人如何正确定位自我，那是关乎他将来在社会中存在价值的重要一环。

在开始找工作的时候，很多毕业生都会有一个误区，认为自己能

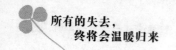

力超群，无所不能，刚毕业就幻想着月入一万——凭什么呢？

当他们经历了一系列求职挫败后就会慢慢发现，原来高估了自己的能力。所以说，年轻人都应该从小事做起，不要眼高手低。

毕业那年，同学娜娜找工作总是挑三拣四，认为自己应该有一个更高的平台。本来家里人给她介绍了做老师的工作，但是她一下子拒绝了。她说："那个学校待遇不好，基础设施也很差，去那里等于是去吃苦。"

过了一段时间，家里人又给她介绍了一份传媒工作，但她再次拒绝了，觉得那家单位不是最好的选择，而且每天跑新闻会很累，风吹日晒的。就这样，她再一次放弃了。

娜娜就这样，什么都不愿意做，认为什么工作都是在吃苦。也许，她希望找到的工作就是那种不需要花费太大力气，就能获得很多回报的工作。

说实话，这的确是异想天开。

对于一个刚出学校的学生来说，你必须做好吃苦的准备。这个世界上，没有一份工作是不需要吃苦的，正如那句话说的：天上不会掉馅饼。

娜娜也是当下大学生求职现象的代表。如今社会越来越看重一个人的能力，你的能力决定你在公司的价值地位，你能够贡献多少，那么你的价值也就有多大。

单位是不需要闲人的，更不需要将自己高高挂起的人。很多时候，你以为自己很优秀、很努力，但是有人比你更优秀、更努力。这个世界上最不缺的就是牛人。

还有许多毕业生毕业之后，拿着自己的简历和相关证书去面试求职，甚至在一年之内换了几份工作。

这也是没有正确定位自我的结果。很多时候，大家总是吃着碗里的，想着锅里的——你手头的事情都没有做好，就以为能胜任其他岗位吗？这种想法是不可取的。

定位不仅对个人很重要，对一个企业、一个国家也非常重要。清政府曾经闭关锁国，故步自封、盲目自大，没有看清自己的位置，最终导致了灭亡的结局。

人总会经历一个井底之蛙的阶段，盲目自信会看不到外面的世界。很多人都将之前的成功作为自己骄傲的资本，殊不知就在竞争激烈的环境中，自己已经被残酷的现实淘汰。

为什么要多读书、多旅行？因为这是一个让自己丰富、找准自身定位的过程。

我们在读书中会看到自己的不足，会发现自身知识储备的不完整，更会明白自己还存在哪些缺失。一个读了很多书的人，绝不会因某种小插曲而停滞不前，更不会陷入某种旋涡之中。当然，故步自封、一叶障目的情况是更不可能出现的。

他们会平静且淡然地度过那段艰难时岁，并且乐观地认为那些经历会让自己的人生更加丰盛。

同样，旅行也是一个完善自己的过程。在行走的过程中，你会发现不同的文明，就会去改变原有的世界观——在不同中，人们自然会产生对比，之后就会发现，原来自己已经落后了那么多。

旅行可以让我们变得更加开阔，不会局限于某种思想，并且能看清自己的位置，想方设法超越如今的处境。所以说，清楚自己的位置很重要。

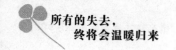

发现距离不可怕，可怕的是你不去缩短这个距离。

每个人都应有一个远大的理想和目标，这是值得肯定的，但在实现自己理想的过程中，千万要找准自身的位置。遇到困难和阻碍不可怕，重要的是你能清楚如今的处境，之后突破它。

从小树长到大树是一个漫长的过程，无尽贬低自己，或者无限夸大自身能力都要不得。

4. 你的信誉价值多少

信誉是一个人的名片，

是人与人相处的基础。

不要让"失信"成为你的标签，

那将给你带来巨大的损失。

富兰克林曾说："失足，你可能马上复站立；失信，你也许永难挽回。"

我们都明白，一个人的信誉是他的名片。对于一个公司的管理者来说，信誉是根本。如果连信誉都没有，那么作为一个公司的管理者，他一定会失去很多客户，甚至连员工都保不住。

某上市公司要开全国销售会议，领导在几周前就通知了各地销售主管去总部，可是由于领导的私人原因，计划被临时改变了。

正是这个极其不负责任的决定，给所有人造成了非常严重的影响——很多在海外的销售代表因为签证问题不得不改变行程，因此延迟了手头上重要的项目。再者，所有参会人的机票都要改签，为此损失不少。

这是一次伏笔，成了公司日后的隐患。

之后，在举办一场庆典活动时，同样的事情又发生了。据说领导又是因为私人原因将这个活动延期。

没想到，这次事件引起了整个公司成员的不满，最终有好几个元老级别的员工离开了公司。

其中，有一位成员说："信誉是公司的命脉，是一切价值的根基。由于领导的不守信，我们失去了很多客户。如今，公司承受着巨大的社会舆论压力，而这都是领导不负责的行为引起的，我们不想留在这样的公司。"

一个人的信誉如何，都会展现在他的为人处事之中。

那天，我通过中介找了一处房子。开始看时一切都好，并且告诉我水电、燃气、物业等费用都已经交齐。

不过，当我住进去以后，发现冰箱灯虽然亮着，但是一直都不制冷。打电话让业主来维修，但是他迟迟往后推，最后，还是自己请了一个朋友帮忙解决了这个问题。大概过了一个月，要交各种费用的时候，我才知道原来他之前的费用都没有交。

后来，我才知道，这个业主开了一家小的房屋中介公司，但是他的公司一直都留不住人，因为他对员工太差，总是克扣工资，不讲信用。此外，他在外面的名声很差，人品也不好。

那一刻，我的心情是很糟糕的，因为没有查清楚房主的背景。

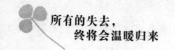
其实，一个人的信誉和人品，早已展现于他的生活和工作的那些细枝末节上。

生活中有许多细节，你也许不经意，但就是这些不起眼的细节，可以折射出你的信誉，影响你的人缘，决定你的发展和未来。请尊重你生活中的每一处细节，因为尊重细节，就是尊重自己；而忽视细节，可能会影响你的一生。

其实，信誉要超越一切智谋。当一个人能够做到"言必信，行必果"的时候，那么他一定会得到更多的机会，并且能够吸引更多志同道合的朋友。

我的朋友Roger是一个特别守信用的人，无论发生什么特殊情况，他都不会随便改变行程和计划。

有一次，他们单位已经和客户约好去某地谈一个项目，但是由于暴雪，对方怕Roger不方便，告诉他可以延期。

然而，在Roger看来，既然决定的事情就不能改变，因为这会产生许多连带效应。后来，他冒着暴雪去了客户所在地，当时雪已经漫到了膝盖。

正是这个举动，客户看到了Roger和他的公司的诚意，坚定不移地投资了他们公司。事后，公司的一位同事问他："你何必这么拼呢？天那么冷，下着暴雪，客户都已经说了你可以改时间再去，你干吗非要跑过去呢？"

Roger笑着说："你要知道，如果真的按照他的建议去改变计划，那么双方的时间都要重新安排。在重新安排时间的过程中，你知道对方会发生什么改变吗？这是无法预知的。此外，公司的信誉非常重要，决定了就要去履行，不能出尔反尔。"

正是 Roger 的这种态度，他赢得了更多的工作机会。老板觉得他为人真诚、守信，只要将一件事接下来，一定会认真地完成。除了公司成员对他有着高评价，公司的客户也非常喜欢和 Roger 打交道，因为他说帮忙就一定会帮忙。

有一次，Roger 有个朋友开长途车，深夜车抛锚了，到处找不到拖车。这个朋友首先就想到了 Roger，给他打了电话。

那个时候正是夜里两点，Roger 二话没说就开着车去找朋友。Roger 这样说道："其实，能让一个人这么信任我，那是我的荣幸。一个人的信誉度是千金都难买到的东西。"

我们总会遇到这样的朋友，决定了的事情过了第二天就会变卦。他们很喜欢口头答应事情，例如"改天请你吃饭""有机会一定去找你"……很多时候，听多了这些从来不会履行的承诺，我们都会变得麻木。

我觉得，一个人将话说出口的那一刻，也就意味着承诺的开始。很多时候，说者无心，但是听者有意——你也许会说："过两天我请你吃饭。"这一句看似简单的话别人就信以为真了，两天后也许他一直都在等你打电话来。

你也许会说，活着没有必要那么较真，一句话干吗放在心上？

的确如此，活着干吗那么较真呢？但是你知道一个人的信誉度的价值吗？如果你连基本的信誉都没有，还怎么指望别人和你共事？

我很讨厌迟到，因为我觉得那是最基本的信誉度。如今，很多人都会以交通不好当作迟到的理由。是呀，因为堵车你迟到了，就有理由让所有人在等你。

说实话，堵车根本不是理由，那是可以避免的。你可以选择坐地

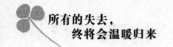

铁，可以选择比平时早一个小时出门。

很多事情都能解决，主要取决于你的态度。要知道，迟到一次可以被原谅，但是两次、三次后，别人就会对你有成见，甚至不愿意再合作，因为这是在浪费大家的时间。

朋友，当你失信的那一刻，也就意味着失去了一次机会。很多时候，机会是日积月累形成的。你的信誉决定着你未来能走的距离，更是你能否成功的因素之一。

5. 前辈走过的桥比你走过的路多

> 年轻人总是觉得前辈的观念已经落后，
> 甚至会质疑他们。
> 事实上，你不该总是争锋出头，
> 认为自己无所不能，
> 要知道，前辈走过的桥比你走过的路多。

刚毕业的年轻人要明白一个道理，在单位里你就是一个新人，所以很多杂事、繁琐的事情都需要你自觉地去完成。你应该有这样一种态度：领导让你做的事情就去做，不要逃避，更不要质疑。

很多年轻人都喜欢刨根究底，希望在做每件事前都能问个所以然来，诸如："凭什么都让我一个人去做？""好处全是领导得，我就是那个默默无闻的人！""前辈将所有的事都扔给我，他自己什么都不做！"

小露刚到一家新单位后发现，她的顶头上司总是将一堆杂事交给自己，好处永远和自己无关。后来，她就开始向其他同事抱怨，认为自己受了天大的委屈。

其实，小露没有明白，这是她成长的必经之路，而上司曾经也走过这些路。如今，上司应该承担更多的责任，理应将这些小事交给下属去做。

在你没能承担更大的责任时，你就该去完成上司分配的任务。

中国人从传统上就喜欢论资排辈，"长者先，幼者后"的规矩是亘古不变的。我们之所以要尊重前辈，是因为他们出世、入行比我们要早，论经验、论资历，都该排在我们之前。

换一个角度来考虑，这句话其实还有另一种解释：作为晚辈，不管你是否保留自己的意见，都要做到尊重前辈的意见，哪怕只是参考，或者给你的决定起到警示作用。

保持谦逊是永远不会错的。在单位里，我们喜欢尊重前辈的人，喜欢那些善于"听话"的人，这些人也会因此而受益。

有一次开会，小露质疑了上司的做法，提出了自己的观点，认为应该走另一种发展模式。上司看了报告后当场反驳了她。

会后，小露觉得很委屈，认为她提出的模式才是最适合的。有一个同事扔给小露一沓材料说："你好好看看吧，在几年前，你提出的这个模式就被你顶头上司提过了，并且也付诸实践了，但是失败了……"

小露这才恍然大悟，原来她太自以为是了。

还有一次，小露向上司提了一个策划案建议，上司反驳道："首

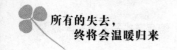

先，你觉得有人愿意投资吗？其次，你这个方案有可行性吗？再次，你觉得这个方案能够盈利吗？"

面对这一切问题，小露都一一作答，并且觉得回答得完美无缺。

然而，她的上司没有多说一句话，直接扔给她一本资料说："这是之前的员工提出的策划案，和你的一模一样，但最后被市场否定了。有的时候，不要自以为是，也不要用理论分析，要去实践，用事实证明。"

那一刻，小露羞愧无比，才知道自己还太嫩了。她总觉得上司学历没自己高，理念也没自己新，所以自己肯定比她强。然而，她忘了一点的是，上司毕竟比她多吃了十几年饭，走过的桥比她走过的路还多，什么可行，什么不可行都一清二楚。

被别人比下去是很令人恼恨的事情，所以要是你的上司被你超过，这对你来说不仅是蠢事，甚而会产生不良后果——自以为优越总是讨人厌的，特别容易招惹上司嫉恨。

因此，对寻常的优点可以小心加以掩盖，例如相貌长得太好，不妨用某些缺陷加以抵消。

君王喜欢有人辅佐，却不喜欢被人超过。

如果你想向某人提出忠告，那么你应该显得你只是在提醒他本来就知道，不过偶然忘掉的东西，而不是某种要靠你解谜释惑才能明白的东西。此中奥妙亦可从天上群星的情况悟得：尽管星星都有光明，却不敢比太阳更亮。

不要事事都争锋出头，认为自己无所不能，觉得前辈观念已经落后。事实上，前辈走过的桥比你走过的路多，你那点小心思早已被他看穿了。

所有的失去，
终将会温暖归来

6. 别一开口就暴露自己的无知

在没有弄清楚状况前，

还是谨慎发表观点，

不要一开口就暴露了自己的无知。

很多人都会以自己从前的经验去判断某些事情，觉得自己就是这个领域的权威，不允许别人发表任何观点，也不允许任何人反驳自己。

其实，人还是该有自知之明一些比较好。在没有弄清楚状况前，要学会谨言慎行，不要一开口就暴露了自己的无知和浅薄。

那天，我遇到了一件非常无奈的事情。

一位办理户口迁移的人员看着我的居住地，皱了皱眉头，问我现在居住的那个新区是从哪个县或区划分过来的。

我说这就是市辖区，不是来自任何地方。

在那个大姐的印象里，所有的新区都该是从其他地方划过来的。我心平气和地告诉她，这个区属于市政府直接管辖，不是从其他地方划分过来的。

这个大姐开始恼怒，非要让我说它归哪个区，或者县。

我跟她反复强调，这个区就是独立的，不属于任何地方。

然而，她依旧不信，并且开始向我大吼："新区本来就有原属地，

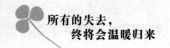
哪里是凭空来的？"

当时的场面非常尴尬，让我实在不敢跟这样的大姐去理论。

后来，我上网搜索了政府的文件，将"市辖新区"清楚地给看她后，她才平静了下来。不过，她为了保全自己面子，还是让我写下了保证书。

遇到这样自以为是的人是可怕的，因为他们总是以自己过往的经验来判断任何事情，明明已经落后很久，但他们还是沾沾自喜地认为一切都是对的。

这个世界每天都在改变，所以我们该沉下心去学习、去了解，而不是自以为是地认为万物是一成不变的。当然，在开口前，你应该分清场合，不要口无遮拦，否则就是引火上身。

小朱是公司的客户代表。

每次有客户来拜访或者她拜访客户时，聊到兴致高昂的地方她就会口无遮拦，说自己的老板有多懒，每天很晚才上班；还有，老板非常抠门，工资发的少，没有年终奖。有时候，她还与熟悉的客户评论公司的同事。

总之，她从来不分说话对象，把公司任何事情都和客户讲。

小李有一个很优秀的老公，她很喜欢讨论自己的老公，在面对客户时也总能借助任何机会讲自己的老公多么优秀、自己如何帮助他。

有时候，明明要谈业务，但是小李依旧滔滔不绝地去谈家事，让客户很无奈。不过，客户出于礼貌，都耐心地去倾听。

小朱和小李就是说话不分对象、不分场合。

如果是在饭桌上，三杯酒下肚，只要不讲别人的坏话，说什么基本上都是没有问题的。但是在正式的商务场合，面对客户时，就应该表现得严谨和专业，不要让客户觉得你像一位聒噪的家庭主妇，从而让他们反感。

在客户面前肆无忌惮地说自己领导的坏话，这是应该躲避的人。

还有很多人的无知表现在无止境地去抱怨。

有一个女孩子，每天上班都在抱怨，将整个团队都弄得很不开心。她抱怨工资比别的公司低，工作量大，加班时间长，开会浪费时间，网络慢，电脑破旧。还抱怨老板不大气、没有远见，公司没前景。

总而言之，她每天都在有意无意地为团队输送负能量，让所有人都反感。老板觉得，既然什么都不能满足她，那么就请她另谋高就吧。

这个被辞退的女孩儿一点儿都不冤。既然觉得自己的公司不好，那就不要整天向公司的同事泼冷水，传送负能量。

所以，朋友，千万不要抱怨你的工作。因为既然你选择了这份工作，拿了老板的工资，就要把一切委屈往肚子里咽。

如果你真的认为自己怀才不遇，生不逢时，那么还是换一份工作算了。也许，去别的地方会有人赏识你的才华。不过，按照这种情况，你去到哪里都会抱怨。

在开口说话之前，请用大脑好好思考一下，谨慎发表自己的言论，不要一开口就暴露了自己的无知和浅薄。

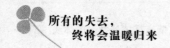
7. 说话要懂得分寸和尺度

说出去的任何话都无法收回，

都体现了你的人品。

所以，不要一开口

就让人心生厌恶。

很多人有着出众的外表，但是一开口就让人心生厌恶。

当一个人无法管住自己嘴巴的时候，那么他是不会有什么大成就的。搬弄是非者最终往往都会被是非绊倒，夸夸其谈者终究会因言不符实而被揭穿。

你要明白一个道理：传出去的声音是没有回头路的。很多人都不会说话，喜欢通过贬低别人来抬高自己。

小虹在某公司工作了两年，准备申请业务经理，但是被公司领导拒绝了，原因是她平时太不会说话了。

小虹说话非常容易得罪人，总是有意无意地去贬低别人："你怎么那么笨啊，这都不会！""这你不行！""你懂不懂啊！""你怎么那么傻，这都能错！""你脑残啊！"，等等。

公司每个女同事的着装都能被她评价一番："太没品位了！""太俗气了！""完全没有眼光！""太 low 了！""搭配得好难看！"，

等等，总之，她给别人的都是各种各样的否定评价。

在学校的时候还好，大家开开玩笑也就算了。然而，一旦我们进了社会，入了职场，说话就不能那么随便了。大家都是有自尊心的人，谁受得了每天被人评头论足呢？如果一个人真的有能力，就应该在自己身上下功夫，而不是通过贬低别人来抬高自己。

在这个世界上，能管住自己嘴巴的人，也一定能管住自己的心，更能沉下心去做好一件事。那些搬弄是非的愚人，以为自己很聪明，站在风暴的中心不受一点伤害，但他们终究会被人揭穿，让所有人厌恶。

我们周围有很多这样的人：他们自己没有多少能力和水平，但喜欢用"更优秀的人"来抬高自己的价值和地位，贬低并数落身边的朋友。然而，这些"更优秀的人"和他们半点关系都没有。

这不是什么高超的做法，而是一种非常可笑且愚蠢的行为。

记得有一次，朋友清清拿着一件男朋友送的礼物过来告诉我们："这是我男友出差从香港买给我的包包，花了他不少钱呢，真是感动。"

这个时候，另一个朋友燕燕却不以为然地说道："唉，我同事的老公也刚刚从香港回来，送给她一款今年的限量版 LV 包，比这个漂亮多了。"

当时的气氛非常尴尬，清清红着脸坐在那儿半天说不出一句话来。

其实，我很理解清清的感受。

清清男友的事业才刚起步，出差给她带回这个包包是一份心意。但是燕燕用自己同事的例子贬低了清清收到的礼物，让清清的自尊心受到了伤害，同时在表面上抬高了自己。

然而，燕燕同事收到的那款限量版 LV 包跟她一点关系都没有，只

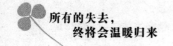

是成了她变相伤害其他人的方式。

燕燕可以说自己是无心的，或者神经大条，但在某种程度上她并没有尊重清清。

有些人总是会用无心、直爽、大大咧咧来掩饰自己的过错，但这种所谓的无心，是建立在不尊重他人的情况下的，是一种刻意的伤害。

人们总是会陷入某种误区，觉得自己认识了某一个"牛人"，自己的身份也会随之抬高，甚至可以进入那个"牛人"的世界。其实他没有想到，这就成了他贬低周围人的资本。

当一个人越来越陷入这种误区的时候，那他的人生就只能停留在这种自我麻醉的状态了。

有个朋友小陆，总是会在朋友聚会的时候吹嘘自己又见到某某大人物，或者受到了某某高人的指点。

一开始，大家听了他的话都很自卑，觉得他超出自身那么多，认识这么多人，可以接触到这么多的"关系"。然而，几年后，他依旧在重复着这些话，反观他的生活状况，依旧停滞不前。

朋友，请管住自己的口舌，因为经常将情绪诉诸口舌之人，必将受到口舌的惩罚。真正成大事者必定是谨言慎行的，他们不会用言语行事，更不会恶语伤人。

在这个世界，说大话的人总是太多，而做大事的人总是太少。请不要一开口就让人心生厌恶，更不要见谁都互诉衷肠——要管住自己的嘴巴，管住自己的心。

8. 有点成绩不要得意忘形

> 谦卑是一种态度，
>
> 更是一种修养。
>
> 请让自己变低一点，
>
> 你将会看到自身的渺小。

谦卑会让我们看清自己，并且时刻警醒自己："我们不是无所不能，更不是无敌。请懂得低头、放下傲气！"

傲慢是一剂毒药，让我们看不清自己的真正面目，就会偏离轨道、迷失方向。这个时候，我们必须告诫自己："如今的成绩并没什么大不了，根本不值得一提，比起雄鹰，我只是一只雀鸟罢了。"

谦卑的人更懂得警醒自己，遇事不会怪罪于他人，不会逃避责任，而是反观自身的错误。

前不久，山东师范大学的王万森老教授因为自己看错课程表而构成实质性旷课，为此他特地写了一份检讨书，并当着所有学生的面将它在课堂上念出。

王教授用"羞愧难当，无可弥补"来形容自己的旷课行为，后来他自请处分：将这份检讨在文学院公布，以儆效尤；此外，扣除本学期他在文学院的全部劳务津贴。

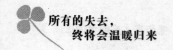

　　这条新闻受到了大家的广泛关注，因为教授的做法让大家感到非常惊讶——大家无法想象一位74岁的老教授会做出这样的举动。如果是一般的老师看错了课程表，要么跟大家简单地说一声，要么就直接找个理由搪塞过去。

　　王万森教授身上不仅体现了一位教师的师德，更体现了他谦卑、严谨的态度。他并没有因为资历深而降低对自己的要求，反而显得要比一般老师更加谦卑。

　　总是有这样一些例子：一个人在非常年轻的时候做出了一番成就，但随着时间的流逝，他却变得碌碌无为，无法超越以前的成绩，甚至会出现倒退的现象。

　　这说明，人往往在什么都没有的时候会显得很谦卑，可一旦拥有了某些东西后会变得心高气傲、不可一世。

　　其实，如果你在高处摔过很重的跟头以后，就会懂得做人要时时如临深渊，如履薄冰。人应该随时保持谦卑的态度，因为你不可能永远站在顶峰俯视这世间的一切。

　　演员张柏芝最近在某节目上说："我23岁的时候太任性了，所以我一直保存着这两张影碟，谨记做人要懂得'谦卑'。"

　　张柏芝所说的两张碟，一张是《忘不了》，还有一张是《河东狮吼2》。她在23岁的时候因为《忘不了》获得了第23届香港金像奖最佳女主角奖，而她至今都保持着金像奖最年轻的最佳女主角纪录。

　　不过，因为日后的任性，她在32岁的时候因为《河东狮吼2》被评为"金话梅奖"最烂女主角、"第三届金扫帚奖"最令人失望女演员。

　　事业的低潮，加上失败的婚姻，让张柏芝懂得了沉下心去谦卑做人的重要性。节目中，洗尽铅华的张柏芝比以前更美了，而这种美少了一份傲气，变得更让人亲近。

很多时候，人因为无知而狂妄，以为自己在这个世界上无所不能、无人能及。他们不知道天外有天、人外有人，更不知道自己的渺小与平庸。

但要知道，人活一世，最可怕的不是别的，正是看不清自己。

今年年初，我去了一趟云南。车上的导游跟我们讲了一个故事，让我感触颇深：两年前，在他带的一个旅游团里，一个中年女人价值一万块的相机找不到了。她怀疑是车上人偷的，于是便一个个盘问，而那些被问到的人都摇头说不是自己拿的。

后来，当她问到一对夫妇的时候，那两个人都没有说话。

中年女人并没有罢休，接连问了那对夫妇两三次，而他们一直都保持沉默，并且毫不理会她的蛮横无理。最后，这个女人告诉车上所有人都要小心这对夫妇，说他们是小偷，偷了自己的相机。渐渐地，大家都远离了这对夫妇。

就这样，这对夫妇沉默了好几天，连导游都开始怀疑是他们偷了相机。然而，就在最后一天购物的时候，这对夫妇买了大概80万元的翡翠，让所有人都震惊不已。

那个女人看了看他们买的翡翠，羞愧难当。

原来，这对夫妇是某企业的大老板，身家上亿，只是他们不愿意表露出来罢了。他们可以买下80万元的翡翠，怎么可能屑于偷那不到一万块的相机呢？

导游告诉我们："在这个世界上，最可怕的就是自以为很有钱的人，但那些真正的有钱人是不会随便表露出来的，他们比一般人更加谦卑。"

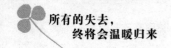
谦卑是一种修养，更是一种信仰。

人这一生最难的就是谦卑地放下身段，平和地对待周围的人与事。《圣经》中说："凡自高的必降为卑，自卑的必升为高。"我们会发现越结实的稻穗，越是低着头。因为结实的稻穗比较重，稻梗便会往下弯；相反，越不结实的稻穗就越轻，稻梗就会越直。

很多时候，那些越有学养的人越是谦卑、深藏不露，而那些越是心高气傲、自以为是、内心空洞的人越是将头抬得高。

保持一颗谦卑的心，你将看到自身的渺小、世界的广阔。自不量力、傲慢无礼必将阻碍你前行的路，让你偏离正轨。

9. 不要让自己的心被浮躁占据

浮躁是魔鬼，
在前行中会
蒙蔽你的双眼，
扰乱你的双耳。
沉下心、沉住气，
才能稳行高处。

一个人在前行的途中，就怕内心浮躁，无法沉下心去做事情。

人在年轻的时候总是太过浮躁，心比天高，认为世上没有什么可以难倒自己。这个时候，他们就忘记了脚踏实地的重要性。

　　Roger 是我的发小，我们从小一起长大。Roger 在各方面都很好，就是性格太过浮躁，很难沉下心去做事。就比如，我们约在咖啡馆小聚，五分钟后他肯定会心烦意乱，绝对不会留在这个沉闷的地方。

　　也正是由于这样的性格，他走了很多弯路。不过，在吃过很多次亏后，他慢慢克服了自身的浮躁，能够稳步前行。

　　大三的时候，Roger 告诉我："古茗，我要考研了。"

　　那个时候我目瞪口呆，因为 Roger 在我眼里根本不适合做学术研究。首先，他的性格比较急躁，根本不适合待在实验室里。其次，他很多时候都很懒散，并不适合过研究生忙碌的生活。

　　我将这两点告诉他后，他突然沉默了。

　　好久后他才说："古茗，我真的有这么差吗？"我说："我只是觉得如果你想继续读研的话，那么就要克服心浮气躁的弱点。"他看了看我："你可不要小瞧我。"

　　出乎意料的是，他真的克服了自身的弱点，考上了硕士研究生。

　　不过，刚读硕的时候，他自认为今后的道路将畅通无阻，又回到原样。就这样过了大半年，他又跟我说："现在跟本科完全不一样呀，我要整天跑实验室。唉，实验室的生活真的是太枯燥了。"

　　我跟他打趣："以前你不是总说穿上白大褂，拿着各种试剂瓶多酷呀，就像电影里的科学家一样。"他瞥了我一眼："呵呵，我真的说过这样的话吗？那都是各种化学药品，不小心就会中毒身亡的！"

　　我说："那你现在怎么想的？不想读了？还是打算混到毕业？"他没好气地说："古茗，你又小瞧我了！一句话：沉下心，做实验！"

　　又过了半年，我发现他已经完全进入了"实验男"的状态，几乎

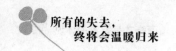

没有时间娱乐了。我问他："Roger，你现在在做什么课题？"他简单地回了一句："阿尔茨海默病的研究。"

我问："这不就是老年痴呆症吗？"他说："对呀，我现在看的全是外文文献。你说，我这英语六级都没过的人要看这么专业的英语文献，简直就跟看天书一样！"

我以为他又会退缩，问道："怎么，被吓倒了？"不过，他又没好气地说了句："呵呵，送你一句话：沉下心，啃英语！"

Roger 的行动再次让我感到意外，他真的攻克了英语关。后来我才知道，每当文献读不懂的时候，他就咬着牙慢慢啃，一个词一个词地标注，有的时候看完一篇文献需要花一两天时间。

不过，当他攻克一些文章，对专有名词有了大体的印象后，看英文文献已经不再吃力了。终于有一天，他激动地告诉我："古茗，我终于考过了英语六级！"

我知道，这个结果对于他来说真的很不容易，背后肯定付出了巨大的努力。

自从他读研以后，整个人都变了。我不知道是不是科研让他变得细心沉稳了，还是实验室练就了他的忍耐力。不过，正因为那三年的历练，他取得了不错的成绩。

在经历了一次实验的失败后，有段时间 Roger 的情绪非常崩溃，他说："古茗，我的成绩至今都很差，现在也没有什么成果，我很担心毕不了业。"

我安慰他："不要放弃，沉下心，稳住步伐。以前那么艰难你都走过来了，再努力一下，肯定会成功的。"

又过了几个月，一天凌晨，Roger 给我发了条短信："古茗，我测出来了！"看到这条短信，我真的替他高兴。那段时间，他带了床被子睡到实验室，每天与仪器为伴，拒绝了一切休闲活动。

这三年 Roger 的努力没有白费，他的研究取得了不错的成绩。由于他那篇发表在国际化学期刊上的关于阿尔茨海默病的论文引起了不小的轰动，后来他获得了美国一所大学的全额博士奖学金，继续他的课题研究了。

我问他："这么多年，有什么感想？"他有些不好意思："我只能说，做什么事情都要脚踏实地啊！我一直都记得你给我列的那两条弱点，现在都击破了吧？"

很多时候，人们在面对某些事情时，都希望能迅速取得成绩，但是他们忘记了一件事：罗马不是一天建成的。如果心太过浮躁，那么人终究会乱了阵脚，迷失方向。

如果所有的事情都那么容易，那么人人都是成功者。

正是因为很多事都需要付出巨大的努力和代价，交织着汗水与泪水，在绝望与挣扎间徘徊、反复，所以，最后的成功者必将是那些能沉下心、沉住气的人。

戒骄戒躁，沉下心、沉住气，耐得住寂寞，这样才能扎实前行。

第五章

原来，有些故事都是岁月的童话

曾经，我们兴致勃勃地听着那些坊间故事，

总以为自己也可以通过捷径抵达终点。

浑浑噩噩后才发现自己被谎言欺骗，

原来，有些故事都是岁月的童话。

1. 谁说颜值要走在能力前面

> 很多人都认为，
> 颜值是走向成功的秘诀。
> 如果有这样的想法，
> 那的确是胡说八道。

很多人都认为只要有颜值，成功就近在咫尺。

说实话，有多少年轻人天真地相信了这样的谎言。演艺圈的确是男神女神汇聚的地方，但是光有颜值是不够的。颜值高的人有很多，但是最终可以杀出重围的都是少数有能力的人。

有人认为颜值要走在能力前面，认为整容就能红。孟非在《四大名助》中怒斥道："胡说八道，你们从来没有看到别人在这张脸背后付出的努力！你们知道韩国小鲜肉的演艺周期有多短吗？他们在颜值背后有多少奋斗，你们考虑过吗？"

你以为鹿晗就因为有一双星光熠熠的眼睛，一张清秀且害羞的面庞就能变得这么红？那是你没有看到他到底有多努力。鹿晗曾经说过："没有遍体鳞伤，哪能活得漂亮。"

没有人会懂得这个年代的偶像有多努力，更没有人能看到他们背后付出的心血。

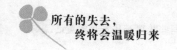

未出道前，鹿晗加入韩国 SM 公司，进行过为期一年半的密训。在密训过程中，他承受了常人难以想象的心酸和苦楚，幸好，他熬过了最艰难的时期。直到 2011 年底，韩国艺人的名单里才多了鹿晗这两个字。

不知道大家是否还记得鹿晗的首部电影《重返 20 岁》？他在拍摄这部电影期间，还要做组合巡演，年纪轻轻，身体就因为过度劳累亮了红灯。

尽管如此，忙碌的他也没有时间去休息。演出时，鹿晗在后台脱水眩晕，只是经过简单的处理又站上了舞台，这些背后付出的努力是常人无法了解的。

鹿晗生病期间依旧坚持工作，为某杂志社拍片。在拍片过程中，他忍不住咳嗽后还不断给主办方道歉。如今，在鹿晗不断的努力下，他已成为"小鲜肉"和偶像的代名词——演唱会门票分分钟售罄，由于粉丝太多，甚至一票难求。这一切都不是偶然。

虽然我不是鹿晗的粉丝，但是在了解了这些之后才发现，鹿晗的红不是偶然，而是必然。还有很多像鹿晗一样的明星，有非常多的忠实粉丝，例如韩庚等人。很多时候，大众眼中都有一个误区，以为他们都是靠着高颜值就轻松获得一切的，这的确是很幼稚的想法。

我记得大学时期有个女神，身材超级棒，长得像电影明星，甚至能超越她们。后来，她参加了当地著名的模特大赛，并且取得了非常不错的名次，顿时成了学校的名人。

不过，树大招风，一个人有多出名就会招来多少非议。

渐渐地，她的流言蜚语也慢慢传开了。很多人说她因为脸蛋，被富商包养才赢得了比赛的名次。还有的人传她只是个花瓶，没有多少内在，被人包装才走到了比赛的前面。

很多时候，人们总是凭借自己的想象去猜测很多事情。

那段时间，我为了赶书稿，要在图书馆待到很晚，几乎都是将近深夜 12 点才回宿舍。我喜欢坐在图书馆三楼靠里面的座位，因为那里非常安静，并且有足够的思考空间。

有一次，我突然发现在角落里坐着一个很眼熟的背影，定睛看了看，原来是她。瞬间，我被眼前的场景震撼了。这个在众人眼中不爱学习凭借所谓的"干爹"上位的美女，原来是学习如此认真的人。

一开始，我觉得是巧合，也许她正巧有什么作业要赶。然而，我错了，接连一个月我每天都会在那里遇到她，并且她每天都会到将近 12 点才回宿舍。

到学期末，当大家看到成绩后发现，原来女神的成绩那么好。不过，这个时候依旧有很多声音，以为她贿赂了老师，提前得到了答案。

那个时候，我觉得这些传是非的同学多么幼稚。后来，我又发现这个女孩子有晨跑的习惯，每天都准时在早上 6 点去操场锻炼身体，难怪她的身材能保持得那么好。

其实，很多事情都不需要靠嘴巴去解释，因为自己对得起自己就好。在普通人眼中，颜值高的人就是靠外表上位，但是人们根本不知道这些人背后付出的努力——因为颜值高，所以要比一般人更努力地去证明自己才行。

说实话，我从不相信颜值会走在能力的前面。

在这个世界上，那么多高颜值的人，为什么就是那几个走向了成功？为什么还有一些依旧默默无闻？这一切都不是偶然，而是他们超出常人的努力而得到的结果。

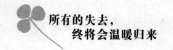
成功是情商和智商的结合。当然，颜值高也许是锦上添花之事，但雪中送炭的绝不是你的颜值。亲爱的朋友，千万不要相信颜值会走在能力前面这句话，那的确是岁月送给你的童话。

2. 不公平是对你能力还不够的讽刺

> 你总是将自己能力不够
> 归罪于上天的不公，
> 其实，哪有那么多不公？
> 有实力的人去哪里都能脱颖而出。

在我们生活的世界，没有那么多的不公平。一切结果都有缘由，更有其发生的道理。很多人都不敢承认一个事实——自身能力不够。

其实，这世间的一切都是公平的。

俞敏洪曾说："你不努力，永远不会有人对你公平。只有你努力了，有了资源，有了话语权以后，你才可能为自己争取公平的机会。"

很多人总觉得自己怀才不遇，总会问："凭什么是那个人得到了机会？他能力没我强，学历没我高，凭什么老板就是器重他？"

其实，你应该好好观察一下，为什么有些人能把握住机会，而你在面对机会时无能为力。

在错失机会的时候，很多人都这样想：不是自身的问题，而是别人投机取巧、拉帮结派；不是自身的问题，是生在了一个普通家庭，父亲不是土豪；不是自身的问题，是社会现实太功利，人心浮躁。

在这些人眼中，所有的错失都会被归罪于他人，自己一直都是完美的人。

我有一个朋友阿文，在一线城市打拼了五年，他说："这座城市的机会很多，但是我总是把握不住那些机会。"同样，和他同期毕业的同学陆斌在打拼五年后已经截然不同。

阿文和陆斌学的都是新闻专业，之后两个人都做了记者。

阿文属于那种踏踏实实的人，接到上级交代的事情后便勤勤恳恳地完成；陆斌属于完成一件事后懂得思考的人，经常会问自己："为什么要这样做？""我到底什么地方比别人差？"

就这样，一年后，陆斌觉得不能一直这么做下去，因为都在为别人打工，拿到的报酬却只是一个项目的百分之几。他决定积累人脉和资源，并且要深入了解电视制作的每一个环节。

又过了一年的时间，阿文依旧在勤勤恳恳地跑新闻，而陆斌已经将电视节目制作的各个环节都摸清楚了，开始有了创业的计划。

除了思考之外，陆斌善于交友用人，知道身边的朋友或同学擅长做什么，可以将每个人的能力发挥到极致，并愿意开高价将他们挖到自己身边来。

就这样，他摸索着前行，最终，他和一些文化公司、传媒公司、模特公司签下了战略合作计划。

说实话，他们两个人毕业时的起点都一样，为什么会出现两种不同的情况呢？

原因就在于阿文没有陆斌会懂得思考，更不懂得利用身边的人脉

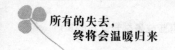
资源。阿文只知道将自己的本职工作做好，而陆斌会在完成本职工作的同时进一步思考自己缺少什么，还能继续做什么。

后来，阿文总是在朋友面前说："凭什么陆斌现在混得比我好？大学时期他的成绩根本没我好，也没有我努力，如今，我每天累得要命，最后只拿到这点工资，还依旧在原地打转。说真的，老天真是太不公平了，陆斌的命比我好太多了！"

其实，阿文将现状归因于老天的不公平，那完全是在推卸责任。的确，他非常努力，也很尽责，但是谁说努力就一定会有回报？努力不仅要拼命工作，还要懂得思考。

阿文之所以面临现在的状况是有原因的，他并没有根据现在做的事情去分析市场行情，只懂得埋头苦干。说白了就一句话：他眼中所谓的不公平，就是自身的能力不够。

在自认为怀才不遇的人眼中，他们的现状都是上天造成的。就这样，他们陷入了自我安慰、自我麻痹的状态之中，然后慢慢习惯，慢慢沉浸，开始分享，越陷越深。最终，他们竟然觉得现状是理所当然，应该被人同情和怜悯。

这是多么可怕的旋涡和思维方式。

有句话说得好："情商高智商高，春风得意；情商低智商高，怀才不遇；情商高智商低，贵人相助；智商低情商低，一事无成。"年轻人应该明白一个道理：所谓的怀才不遇，都是你想象出来麻痹和安慰自己的话。

人总会高估自己的能力，甚至将自己的能力夸大。的确，年轻人总是会产生这种错觉，认为自己无所不能，甚至可以改变世界。

每当你有这种想法的时候就应该当心了。这是弱点，更是陷阱。

很多时候，人们都会觉得自己该过得更好，该得到更多机会。然而，事实并非如此。当你觉得自己该拿那么多工资时，你应该想想自己的能力可以与之匹配吗？

所以，朋友，当你觉得很委屈的时候，不要将时间浪费在埋怨世界的不公上，那没有任何作用，唉声叹气、哭天抢地是没有一点用处的。

如果想拥有更多，过得更好，那么就该让自己不断强大。有实力的人去哪里都能脱颖而出，别人想要对他不公平都无从下手。一旦你能力超群、站在巅峰之处，不公自然就会退出你的生活。

3. 所谓命运，都是个人选择的结果

曾经，我以为上天是命运的主宰者，
然而，我错了。
其实，所谓"命运"，
都是我们个人选择的结果。

我们总会被"命运"一词左右，认为那是上天的安排。其实，真正的命运推手是我们自己，每个人的生命都留下了选择的印迹。

这世上的一切终有缘由，所有的现状都不是一蹴而就的，它们都烙上了时光的轨迹——我们会在一次次抉择中建构自己的人生图景。

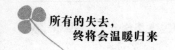
在硕士论文答辩的第二天，我去了刘同的签售会。由于进场太晚，只能站在后台的门边听他演讲。同哥幽默且风趣，站在台上自黑他的英语、写作以及人生，一个段子接一个段子。

台下的同学激动万分，欢呼雀跃。大家仿佛都在期冀着某种东西，又像是在唤醒某种沉睡已久的东西——他用调侃的方式诉说自己的人生，而其中的苦涩只有自己知道。

他的文字很真诚，可以触动灵魂中的某些东西。我非常喜欢他的新书名字，叫《向着光亮那方》——在所有黑暗的日子里，我们艰难前行。然而，我们的存在早已成了一束光，可以照亮世界的一角。

刘同毕业于湖南师范大学中文系，从大学开始就一直在写作，直到30岁才渐渐被人知晓。在成名前，他已经出版了七本书，但一直都被人忽视。

同哥写作15年，被人说了13年矫情，而今已经35岁。那天，导师告诉我："其实，命运都是你自己选择的结果。"

的确，如果没有这十几年的坚持和等待，同哥是不会走到今天的。2011年，30岁的同哥将十年间的文字整理成书，出版了《谁的青春不迷茫》，但被一些读者贬低得一文不值。

后来，《你的孤独 虽败犹荣》出版时被某排行榜评为年度烂书，再次受到了贬低，并被冠以"鸡汤""做作""矫情""无病呻吟"的称号。

一开始他很难过，但经历多了，便渐渐看淡了那些评价。有很多东西，他根本不在意，因为销量和粉丝的呼声早已证明了他的文字影响力。

后来，我捧着那本《向着光亮那方》去找同哥签名，激动万分。

他用心地去签每一本书，并认真地与每一位同学握手。在场的每一位迷茫且孤独的朋友，似乎都看到了同哥留下的那一束光，照亮了前方。

其实，生活很公平。当你选择做一条鱼，那么你的世界将是一片广阔的海洋；当你选择做一只飞鸟，那么你将翱翔于无际的天空。当然，鱼会羡慕飞鸟的天空，而飞鸟也会向往鱼的海洋。

是的，当你选择了后退和安逸，那就不必欣羡他人的忙碌和丰富，更不要将自己的人生归咎于上天和宿命。当你选择了快节奏的生活，那也不必仰望他人的闲情逸致、自由洒脱，因为这都是你个人选择的结果。

当你发现自己的缺陷时，是逃避还是迎难而上？这都会决定你今后的道路。

有个朋友小爱特别害怕与人交流，每当和朋友们在一起，她一定是话最少的那个。因此，她也很少受到关注，失去了许多机会。

为了克服自身的缺陷和弱点，小爱决定突破自身的局限。渐渐地，她学会了把握每一次机会，主动和周围的朋友聊天，大胆地去突破自身的胆怯心理。

很多内向的朋友都会像小爱一样，害怕与人接触和交流，甚至害怕电话铃的声音。这就是你人生中的一道坎儿，必须学会跨过，否则永远都会有一块石头堵在你的前方。

很多年轻人都希望成为生活中的强者，但在人生的岔道口上，他们一次次选择了保守和退让。其实，如果一个人的能力超群，那他一定不会被埋没于人群之中。

在一次次捶打的过程中，有的人留下了，有的人离开了，但走向终点的都是那些拥有超强意志力的人。因为他们选择了勇往直前。

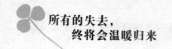
是的，在生命中的每个阶段，我们都会遇到诸多困难，迷茫且不知所措。你可以选择默默地构筑自己的梦想，也可以选择一条捷径，放弃心中所念。

当然，决定权在于你自身。然而，这一切选择都将决定你未来的道路。

当某件事情成为你前行的阻碍时，请一定要积极去面对，迎头而上。只有突破了一个又一个关卡，你才能超越原先的自己，才能掌控自己的人生。就算你无法完全掌控它，但至少可以把控大方向，不至于显得特别被动。

我们总以为上天是命运的主宰者，殊不知，我们口中所谓的"命运"，都是一路走来个人选择的结果。

4. 别老想着一夜登上神坛

你有梦想，

但你更需要去履行，

否则只能成为无法实现的空想。

有句话叫："理想很丰满，现实很骨感。"很多年轻人都渴望成功，将马云、刘强东等人奉为白手起家的偶像，于是他们励志要创业，要成为新一代 CEO，登上人生的巅峰……

只是过了很多年后，他们依旧是那个再普通不过的自己罢了。

这究竟是什么原因？为什么他们为自己定下了伟大的目标，但最终依旧是那个碌碌无为、平庸无常的自己？

其实，社会就是一个优胜劣汰的丛林，兽类们都有自己的生存法则，如果你停留在食草动物那一层，总是空想着成为食肉动物，那么你的生活蓝图终将只是一张废纸罢了。

所以，这些设想就像是你为自己构筑的乌托邦，将是永远无法触及的明天。

每当有人跟我说"以后我要做高层领导""以后我要年入百万""以后我要出名"这些话的时候，我的心情总是复杂的，因为，这些梦或许将永远无法成真。

很多年前，我们班有个同学总是自信满满地对大家说："你们这些书呆子每天看书学习有什么用？还不如跟我去闯荡社会，年入百万不是问题！"

当时，我觉得他可能真有这本事，不用走一般同学通过读书改变命运的道路。

过了几年后，他见到我说："古茗，你怎么还在读书？这么学下去根本没用啊！"

那时，我只是对他笑笑："是呀，我又不像你这么聪明，只能靠勤奋读书啦！"然后我反问："你什么时候能年入百万？"他哈哈大笑："快了！快了！"

又过了几年，虽然大家还在默默打拼，但都在慢慢靠近自己曾经的梦想。后来，我们再也没有见过那个同学。据说，他好像做生意失败，最后无奈地回老家了。

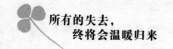

是呀，这么多年过去了，他只是一直在设想美好的未来，从来都没有脚踏实地地去做过什么实事。那时，他用父母的钱投资生意，但因为缺乏经验和管理，最终惨败。

人们总是用欣羡的目光看着那些互联网大佬吸金无数，觉得他们只是抓住了时代的机遇，但大家是否了解过他们为自己的梦想付出了多少？又经历了多少辗转反侧、彻夜无眠的夜晚？

这个世界上本来就没有天上掉馅饼这样的好事，更没有一蹴而就的成功。走向顶端的人都不是用"画饼充饥""望梅止渴"这样自欺欺人的方式去实现自己的梦想的，他们都经历了无数次的磨难与痛苦，最终才站在了云端之上。

人们总是习惯从小立下远大的抱负和梦想，可很多时候那些梦想终究成了空想。不过，我们依旧还是会看到有些人在默默努力着，小心翼翼地履行着曾经许下的诺言。

曾经，母亲为了提升我的气质，将我送去学芭蕾舞。

在学芭蕾的那段时间，我认识了一个叫爱莉丝的姑娘。她非常漂亮，基因中带了四分之一的法国血统，外加一双修长的腿，跳芭蕾舞是再适合不过了。

爱莉丝从小就梦想成为世界顶尖的芭蕾舞演员。不过，那个时候我以为她是在开玩笑，因为练习芭蕾舞是一个非常艰辛的过程，需要付出超出常人的努力。

我大概练了将近一年的时间就放弃了，是因为自己实在受不了那种痛苦而又枯燥的生活。

走的时候，爱莉丝对我说："古茗，我一定要成为世界级芭蕾舞演员，相信我。"

　　我看着她稚嫩的眼神中透着一股坚毅的力量，觉得这个小姑娘绝对不一般。

　　就这样过了十几年，我再没有见过爱莉丝，也差不多快忘了她。

　　只到有一天，我被一篇报道的标题吸引了：爱莉丝，成为新一代芭蕾舞皇后。爱莉丝的照片赫然映入眼帘，这让我惊讶不已。那么多年过去了，她变得更加漂亮了，关键身上还透着一股女王的气质。

　　记者问爱莉丝："你觉得是什么让你站在了世界的舞台上？"

　　爱莉丝这样回答："我觉得自己是个行动派，只要想做的事情就一定会去实现，哪怕要付出巨大的代价。我从七岁就励志要成为世界顶级芭蕾舞演员，之后就一直为这个梦想努力着。"

　　看到爱莉丝这番话，我的心突然一颤。她还是那个她，说的话依旧这么霸气，但现在她的确有资本去说。

　　之后，当我在电视屏幕上看到爱莉丝表演的《天鹅湖》后，不禁在想她到底花费了多少心血，并且熬过了多少寂寞艰辛的日日夜夜。谁又能知道台前获得无数荣耀的芭蕾舞皇后，在台下付出了多少努力？

　　梦想再伟大，如果不能付诸行动，那么也就成了空想。

　　现在的年轻人更应该去关注那些成功者所付出的努力，而不是一味去羡慕他们头上的光环。光环只是结果，是人们想要最终达到的顶峰。

　　然而，想要实现顶峰的梦，如果不去付诸行动，那真的只是空谈罢了——你将因为自己的空谈永远都无法登上那座高峰，只能停留在原地。

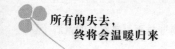
5. 别忘了有多少人在背后托着你

> 很多人总喜欢为赋新词强说愁，
>
> 总是太容易得到，
>
> 而忘了在背后有多少人托着自己。

青春年少时，大家总是凭着自己的意愿肆意地生活，可以不考虑任何后果、任意妄为，根本不知道自己的舒适都是由父母躬身托起的。年轻人总是迷恋那些伤感的、颓废的文化，为赋新词强说愁，可是唯独没有想过父母的辛苦和劳累。

杨澜曾经说过一句值得我们深思的话："年轻的时候，当你一开始得到的太容易了，你觉得那是自己努力的结果。只有当你更成熟了以后，你才发现实际上是很多人在托着你的。"

的确，很多时候，一切似乎都来得太容易和简单了，但那背后究竟有多少人在托着我们呢？

在单位，小薇一直都喜欢偷懒，经常无故缺席一些会议和活动。不过，她照样心安理得地拿着工资和奖金。有一次，领导找她谈话，问她："小薇，你应该反思一下自己了。"

小薇委屈地看着领导说："我每天都很努力呀，能够按时完成您布置的任务，怎么就要反思自己了呢？"

领导看了她一眼，严肃地说："你以为我不知道吗？那些任务都是你的搭档帮你完成的，可他一句话都没说。我问他你完成得怎么样了，他一句怨言也没有，反而说你非常认真和努力。其实，到底是谁做的，我一清二楚！"

顿时，小薇的脸红到了脖子根儿，羞愧无比。

后来，小薇结婚了。婚后不久，她就怀孕了，只好停了职。

本来，小薇想等孩子大一些再出来工作，可是她身体不好，生孩子时留下了很多产后症。老公和父母体贴她，于是让她安心在家照顾孩子，不用考虑挣钱的事，一家人都帮着她。

在家里待的时间越长，小薇越不想去工作，加上有母亲和婆婆帮着她带孩子，所以她有了很多休闲时间。她经常在朋友圈晒着烹饪、旅行、帅气的老公和儿子，还有宽敞明亮的家，让所有苦熬着的同学和朋友都红了眼。

后来，小薇总是喜欢写一些"女人，就该美美地去享受生活才好""钱，本来就是用来花的""我负责貌美如花，他负责赚钱养家""生活还有诗和远方"等诸如此类的话。这一切都让经常加班的朋友们心生一丝悲凉：为什么人与人之间的命运有如此大的不同呢？

其实，小薇如此轻松的生活背后，是多少人的付出和努力。小薇的母亲为了照顾她，每天熬夜去照顾小外孙，为母子俩洗衣服、做饭、买各种生活必需品。后来，母亲患上了严重的腰间盘突出，但还要瞒着小薇。

父亲为了小薇能够安心地生活，不惜退休后又做起了小生意，每天起早贪黑去贩卖小商品，只为了能够让女儿轻松一些。

小薇的朋友亲眼见过她的父亲在严冬中一箱一箱地拉货、卸货，

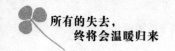

脸已经被寒风吹得通红……她父亲认出小薇的朋友，还特地嘱咐她不要告诉小薇。

小薇不知道，她的老公为了她能够安心地做全职太太，为了每一单生意成交都要喝得烂醉如泥。很多时候，老公醉醺醺地回家后，小薇还责怪他，认为他总是和狐朋狗友喝酒，在外买醉，不回家照顾儿子。

那天，有朋友亲眼看着小薇的老公为了一个项目，在酒桌上一杯一杯地喝，直到醉得不省人事被送到医院去抢救。当时，所有人都吓坏了。

等到小薇赶到医院后，看着病床上的老公破口大骂道："就知道喝喝喝，你还要不要这个家了？你整天在外买醉，不知道回家，心里还有没有我和儿子了？"

其实，小薇一直不明白，老公正是为了她能无忧无虑地生活才这样子拼命。

还有一次，小薇的老公因为喝醉酒而躺在了过街天桥上，身上的钱财和手机都被小偷顺走了。直到第二天早晨，有个老人晨练时才将他叫醒，后来帮他叫了辆车送了回来。然而，小薇还冤枉老公在外有什么见不得人的秘密。

我们都应该明白，没有人会被命运无故眷顾。

如果你活得非常轻松，能够轻而易举地获得一切，那么一定有人替你承受了本该承受的重担和压力。由于他们非常爱你，舍不得你去受累受苦，所以宁愿默默地去承担一切苦痛。

生活本身就是艰辛的，很多人总喜欢为赋新词强说愁，遇到一点点困难就将其夸大，或是将自己表现得多么痛苦。

年轻人总是太容易得到，而忘了在背后有多少人托着自己。请不要将这些轻而易举看成是理所当然，一切都有缘由，只是你还不明白而已。

6. 你竟然天真地以为他们是靠运气

当他们谦虚地说：

"我只是运气好罢了。"

你就信以为真了吗？

那你还是太天真了。

如果没有努力，一切运气都是妄谈。如果没有努力，给你再多的机会，你都把握不住。

失败的人往往说："我什么都不如别人，只能认命了。"相反，成功的人总是充满自信。当别人羡慕地问他们成功的秘诀时，他们会谦虚地说："没什么秘诀啦，只是运气好而已！"

是的，运气往往都是留给那些有准备的人。

她是我认识的一个阿姨，身家上亿。也许，这样简单的介绍给你的第一反应就是，她肯定是从二十多岁起家，然后苦苦打拼了 30 年才到如今这个样子。又或者你会觉得，她只是运气好，凭借上一代的财富积累或是遇到了贵人才有了今天的成绩。

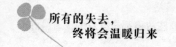
当然，她自己谈到如今的成功时，也会淡淡地说道："我只是运气好，赶上了那个时代罢了。"

不过，当你了解了她的故事后，你会重新审视一个问题：那些成功的人真的是靠运气吗？

在将近 40 岁的时候，阿姨厌倦了小城市稳定的工作与生活，不顾所有人的反对，辞去了银行的工作。

其实，以阿姨的能力，再过几年就能坐到某银行行长的位置，只是，她毅然放弃了这样的生活。她留下这样一句话："我的人生不该局限于此，还应该有更广阔的发展空间。"

过后她去了上海，租了一间房子学习英语。她将自己关在屋子里三个月，除了叫外卖，便不再和任何外人接触。这一切都是为了全身心地投入到英语学习中。后来，她成功地考过了英语，去了美国深造。

当别人问她是怎么用三个月时间突破英语的时候，她说："正是那个疯狂的决定让我成功突破了英语。你想，我将近 40 岁辞职了，这代表我没有任何退路了，头顶上就像悬着一块大石头，而我时刻都有被砸到的可能。每天背英语背到吐的感觉，我也实在佩服自己，当然，也有一定运气成分啦！"

是的，我们无法想象一个将近 40 岁的中年女人放弃稳定的工作，去做这些"不靠谱"的事情会被多少人嘲笑。她从美国回来后，凭着之前在银行的工作经验以及海外留学的背景，留在上海做起了金融咨询。

十几年过去了，她在金融圈已经小有名气。当大家问她成功的秘诀时，她只是简单地答道："也没什么啦，只是我运气好，赶上了那个时代。"

说实话，这哪是运气好就能成就的今天，一切都是靠她自己的努力和孤注一掷才完成的。

　　那些所谓的天才，都有我们看不到的努力；那些所谓的成功，背后都经历了无数次的失败；那些所谓的运气，只不过遇到了早已准备好的自己罢了。

　　就连号称最爱玩的香港作家蔡澜也表示，自己每天不过睡眠六个小时，其余的时间都用来写作、拍电影、录节目，以及和各种各样的人谈天。七十多岁的人，至今仍然笔耕不辍。

　　要想成功，聪明、努力、经验和运气都缺一不可——运气往往偏爱最努力的人，而不是最聪明的人。你必须拼尽全力，才有资格说运气好不好。

　　我得知了那些所谓成功人士背后的努力，反观自己，唯有羞愧而已。不努力的人，运气砸来了也接不住。如果这世界上真有奇迹，那不过是努力的另一个名字。

　　年轻人，不要嘚瑟，不要偷懒，要明白，在投入最多、最努力的时候，也就是你运气最好的时候。

　　不少人都觉得，运气都被少数人瓜分了。他们天真地安慰自己："我能力超群，但是却困在井底，无处发挥才能。那些成功的人没什么了不起，只是运气好罢了。"就这样，在抱怨后，他们又打开了游戏界面、淘宝网页、微博热门头条……

　　亲爱的朋友，当成功的人告诉你"我只是运气比一般人好罢了"的时候，千万不要相信，那只是他们的谦辞而已。你根本不知道他们背后付出了多少心血，流过了多少汗水，熬过了多少艰难时岁。

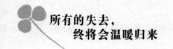
7. 其实"鸡汤"并没有那么可怕

> 对于心灵鸡汤,
>
> 有很多内容,
>
> 生活的常态不是励志,
>
> 而是在励志中摆脱困境。

现在有很多反"鸡汤"文,大多言词犀利,一语戳中"鸡汤"中的骗术。在很多人看来,"鸡汤"只是暂时的药方,无法解决根本性问题。

其实,没有必要将"鸡汤"的作用夸大,但更没有必要去过度黑"鸡汤"。因为对于身陷泥淖中的芸芸众生来说,"鸡汤"确实能够起到引导的作用,并且替代满身的负能量。

什么人爱看"心灵鸡汤"呢?

大多是青少年和失意的人,例如在学业、事业、社会关系或情感、婚姻等方面遭遇不顺的朋友,对于当下力不从心、对于未来无法把握,处在一种迷茫、伤感、脆弱、需要帮助的状态下。

当人处在这样的心理状态下,很容易产生焦虑情绪,并因此感到紧张不安和不愉快,会比任何时候都需要关怀和爱,渴望得到他人的指导和帮助。

心灵鸡汤中那些看上去充满知识、智慧和感情的话语，柔软、温暖的文字恰好符合了他们的心理期待。

心灵鸡汤充满了正能量，可以怡情，作阅读快餐；每当人们遇到挫折时，它能够移情，起到一定的疗效。这也是心灵鸡汤风靡不衰的原因——当前，快节奏的生活和无处不在的压力，偶尔也需要激励味十足的语言来治愈我们受伤的灵魂。

对于每一个写过心灵鸡汤的作者来说，他们都曾身处困顿之中，甚至会有厌世的情绪。

那次，书店在举办某位畅销作家的签售会，如潮的人群让人不禁感叹：什么时候纯文学作家也能受到这样的"礼遇"？现在想来，很多事情的发生自有缘由，其中反映了许多问题。

在高中那段日子，我特别喜欢看名人励志的文章，当然还有流行的心灵鸡汤。其实，很多时候我们自己都明白，鸡汤只能暂时缓解我们的痛苦，并且给予我们一定的能量，就像黑暗中的一丝光亮，但我们自身还得继续摸索前行。

我很欣赏那些励志演说家。

有很多人会说他们的作用并不大，甚至有的时候只是为了推销自己的产品（传销除外）。不过，对于身陷泥淖之中的人们来说，他们的存在是积极的。对于那些郁郁寡欢的人来说，每一次的激励都能将他们拉出泥淖。

随着年龄的增长，我开始正确看待"鸡汤"的内容。

尽管长大后我发现很多事情都不像"鸡汤"中说的那样，人生依旧在不安中漂泊，但我还是要感激它们陪我度过的时光——感激那些少年得志的青年，在菲薄的岁月里让我看到了光亮。

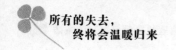
在一定限度内，"鸡汤"能够给予我们某种滋养和补给。

归纳起来，我们会发现喜欢阅读这类文章的人，往往集中在青少年或工作、生活、情感失意的人群中。

仔细观察这些人，往往有相似的心理需求：

在面对事业、家庭、学业的不顺时，他们往往会产生出对未来的担忧。而当他们想到未来会有坏事发生时，就会产生焦虑。

因为他们担心的总是未来可能发生但现在还未发生的事，所以渴望的安全感一时无法获得，这种焦虑也就一时无法缓解。这一矛盾会引发人们不断逃避、不愿面对困难。

鸡汤文中的主角，由于转变看待问题的视角或者耐心等待，就会有个美好的结果。这样的故事，给焦虑中的读者指出了一个看似明朗的方向，这无疑能缓解、安抚其紧张的情绪，让其对未来有了一定的安全感。

心灵鸡汤语言温和、柔软、温暖，充满正能量，如果阅读的时候能够正确吸收能量，转变看待问题的视角，对于缓解情绪上的失落、纠结，还是有一定帮助作用的。

我们读"鸡汤"也好，写"鸡汤"也罢，都能给自己带来正能量，甚至让自己清醒。

不必夸大"鸡汤"的作用，也不必沉迷于其中无法自拔。当然，你也不必轻视它，贬低它的存在。毕竟，"鸡汤"代表了一种真、善、美的价值追求，能够给予我们前行的力量和勇气。

8. 钱很俗气，可最后你还得要靠它生存

> 当你故作清高地说钱很俗气的时候，
> 是否想过这个问题：
> 最后，你还不是要靠它去生存。

有些人觉得"钱"是一个很俗气的词语，有时候能够让一个人误入歧途。也有很多人都会谈钱色变，觉得那是一件羞耻的事情。

的确，钱财乃身外之物，但没有钱也是万万不可的，因为人活于世，你必须首先要解决生存问题。

李嘉诚说："当你放下面子赚钱的时候，说明你已经懂事了。当你用钱赚回面子的时候，说明你已经成功了。当你用面子可以赚钱的时候，说明你已经是个人物了。当你还停留在那里喝酒、吹牛，啥也不懂还装懂，只爱所谓的面子的时候，说明你这辈子也就这样了。"

说实话，如果一个人做任何事的时候都不用去考虑钱，那他要么家中条件优越、衣食无忧，要么就真的是安贫乐道、自由洒脱、一蓑烟雨任平生。

可惜，绝大多数人都是俗人，需要钱去维持生活。

纵使那说出"一蓑烟雨任平生"的苏东坡，至少也是衣食无忧，不用在生活线上挣扎。

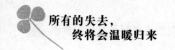
说实话，钱，取之有道才是真理。

那天，我去采访一位老教授，八十多岁高龄。他是一位哲学家，也是一位教育家，在业内有着很高的地位。教授和夫人一个主内，一个主外；一个负责财务，一个负责文化教育。

由于出身书香世家，教授从小到大都衣食无忧，可以安心做学术。

然而，自从开始了民营教育后，他发现搞教育是要投入大笔钱的，那是实实在在的东西。设备要钱，人才要钱，这可难倒了他那样的文弱书生。

不过还好，他认识了他的夫人，一位企业家的女儿，天生就有投资的头脑，让教授安心地做教育事业，不用为资金担忧。年轻时，她为了实现教授在当地盖学校的梦想，拉下脸去求助了许多当地名流。

她说："做教育需要投资大量的钱，我必须帮助他解决这个问题。我们不可能像陶渊明一样，安贫乐道地不顾任何事情去生活，因为还有很多孩子等着学校去读书。

"当然，钱是取之有道的。在做每一件事的时候，踏踏实实，不玩任何虚假，那么自然就会有投资人来找你了。就算学校在最艰难的时期，我都安慰他不要放弃，好好办，一切都会好起来。"

教授也说："在文化圈子，很多文人都很清高，谈到钱这个问题就会摇头。的确，他们是取得了很高的地位，但对钱就是很恨，觉得那是'恶之花'，会麻痹一个人的神经。然而，我并不这么想，因为我知道钱的重要性，没有资金支持，一切都寸步难行。"

说实话，很多人喜欢将赚钱和实现梦想对立起来，认为两者是水火不容的，总是说："别跟我谈钱，谈钱多俗气。"觉得为了钱去做事情都是动机不纯。

然而，他们并不知道有些人因为没钱治病，失去了最亲的人；有些人因为没钱生存，所以不得不背井离乡；有些人因为没钱读书，不得不做最辛劳的工作……不是钱有多么俗气，而是很多人太天真了，他们还没有被生活逼得走投无路。

在人们的印象中，儒家似乎重义而轻利。

其实，儒家并不笼统排斥财富（利），也不拒绝合乎道义的财富。孔子曾经说过："富而可求也，虽执鞭之士，吾亦为之。"意思就是，若能发财致富，哪怕拿鞭子赶马车，他也愿意干。

尽管如此，孔子并不赞成走歪门邪道去发财。

孔子对待财富的获得，以道义作为限度。他承认"富与贵，是人之所欲也"，但是，"不以其道得，不处也""不义而富且贵，于我如浮云"。

更通俗地说，孔子所倡导的财富伦理就是"君子爱财，取之有道"。

这好像是一个悖论：你想要诗和远方，那么你得先填饱肚子再写诗、再走向远方。的确，你想要美好的诗与远方，那么曾经必须要有眼前的苟且。

现在很多年轻人，拿着父母的血汗钱买房、买车、结婚、生子，然后还口口声声说："谈钱干什么？多伤感情啊！""其实这车子也没有多贵啦！"

这是典型的拥有后才说简单的人。

的确，你背后永远有个人可以让你毫无顾忌地说出"岁月静好""安贫乐道"。

很多人都看不起小商小贩的斤斤计较，几毛钱都要跟你讨价还价。然而也许你不知道，也就是那几毛钱的慢慢积累，才能维持他整个家

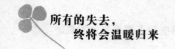

庭的开销。不是钱俗气，是你还不懂生活的艰辛。

生活就是如此，没有谈过恋爱的人是不会说出诸如"两个人就是麻烦""还是一个人好"这样的话的。

当你开始为生活奔波，感受到赚钱的不易时，你就不会将"俗气"一词挂在嘴边，因为你还有一大家人等着要养活。

当你故作清高地说钱很俗气的时候，不要忘了，你还要靠它吃饭呢。

9. 你以为有个"好爸爸"就能成功

"好爸爸"只是安于现状者们的托词，
更是安慰自己的借口。
生存于世，哪有那么容易，
你以为有个"好爸爸"就能成功吗？

还记得在网上看到这么一句话："普通人的努力并不可怕，最可怕的就是那些富二代比你还要努力。"人们总以为那些成功者都有一个"好爸爸"，借助外界的力量走到了现在。

说实话，就算有个"好爸爸"，自身不努力，最后也会被淘汰。

大学时期，小梦总是能够优先得到任何机会，学生干部、入党、各种活动……后来，大家开始传她的背景，说她是某某老总的女儿，所以每次都能优先获得一切。

有一次，小锐实在忍不住了，在小梦获得 × × 比赛机会后大声说道："唉，努力有什么用？再努力都不如有个好爸爸！"

小梦没有说话，而是默默地离开了。那时才是大一，大家对彼此还不怎么了解，所以总觉得优先获得机会的人都有什么背景。

不过，小锐不知道，在还没有开学时小梦就很早到了学校，帮助老师一起开展新生报道活动。

在收到录取通知书的时候，学校组织新生暑期"手拉手"活动，当时几乎没有人参加，但是小梦参加了，并且为贫困地区的同学捐赠了许多衣物、文具和书籍。

的确，小梦家是有点背景，但是她一开始并没有靠那些关系做任何事。她知道，父亲再怎么能帮自己，日后的路还是要靠自己去走。

就这样，整个大学时期，尽管小梦很努力，但一直被"某某人的女儿"这样的光环所笼罩。

此外，其他同学也心安理得地相信了"某某人的女儿"这样的故事。他们从来不知道，小梦每天都要去上晚自习到 12 点；他们不知道小梦周末几乎没有娱乐活动，一直泡在图书馆；他们不知道，小梦高中时期就被冠以"学霸"的称号……是的，多的是别人不知道的事情。

很多人都自以为是地认为，有一个好爸爸就能获得更多资源，并且少走弯路。

的确，"好爸爸"可以让子女接触到更多的社会资源，并且认识更多优秀的人，不过，人们还忘了一句话，叫"扶不起的阿斗"——如果自己不优秀，那么就算父母再厉害，对你来说都是一种资源浪费。

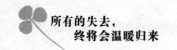

大学毕业后，小梦没有去父亲的企业，而是去了其他公司，从基层开始。

小梦说："无论其他人怎么说我都没有关系，我一直都在努力摆脱父亲的光环，就是为了超越他。很多人以为富二代整天就在享乐，但是他们并不了解我们的世界。

说实话，我身边的人都非常努力，他们并不像大家认为的那样只知道攀比，只会买奢侈品，进高档会所。其实，他们非常努力，绝大多数人都是工作狂。"

的确，旁人只看到了"二代"们占尽资源的一面，但并不知道他们背后承受的巨大压力，更不知道他们有多努力。

说实话，无论"二代"们有多努力，在那些自以为是的人眼里都是理所当然的事情。

很多人都以为，"二代"们天生就该这样。如果他们不努力，就会被仇富者们大书特书，被嘲讽贬低。如果他们非常努力，取得了很多成就，那么一般人只会觉得那不是他们努力所得，而是得益于"好爸爸"的帮助。

当今社会，人们已经将"二代"们妖魔化，也造成了很多人的恨意。社会喜欢那些白手起家的理智传说，痛恨这些从小占尽资源的接替者们。

我很不喜欢一些人将现在的不如意归罪于出身，因为那是一个非常不负责任的借口。他们在没有拼尽全力前就开始将现状归罪于家庭、社会、他人，仇恨强者、富者。之后，他们还为强者的努力扣上了一顶巨大的帽子。

很多人喜欢用"关系户"去描述那些强者。

是的，很多孩子靠着某种人脉关系进了一个公司，然而关系只是敲门砖，日后过得怎样还是要靠自己。

其实，在一个公司，还是要有人去踏踏实实地干事，不可能养一群不做事的"关系户"。最终，能脱颖而出的"关系户"肯定是能做事的，只是旁观者并没有弄懂其中的规则，他们依旧在为自己的停滞不前找着各种理由和借口。

请不要再听信诸如"学好数理化不如有个好爸爸"这类话，这的确是一句不怎么妥当的谣言。

当这些本身就占尽社会资源的天之骄子更加努力的时候，你还有什么理由在那里抱怨自己的出身？你还有什么理由浑浑噩噩地停滞不前？你还有什么理由以为自己很努力？

不要让人觉得你只是看起来很努力的样子。

第六章

原来，我们都会遇到那个闪闪发光的人

情路多艰，那个让自己低到尘埃中的人，

也是伤害自己最深的人，

后来，我们总是深陷泥潭、痛苦不堪。

失望过、悲伤过、心痛过才能变得洒脱和骄傲，

原来，我们都会遇到那个闪闪发光的人。

1. 他一直负责赚钱养家，可你是否能够永远貌美如花

姑娘们向往的爱情，

一般都属于电影中的情节。

他能够一直负责赚钱养家，

可你能够永远貌美如花吗？

很多年轻姑娘都希望嫁一个负责赚钱养家的优质男，自己只要负责貌美如花就好。女孩子有这样的想法是无可厚非的，但是你不能将自己的未来押在这上面。姑娘们都向往有一个好的归宿，但在此前你必须将自己变得特别优秀。

在婚姻和爱情面前，女性应该是独立的，无论是金钱还是人格。这样，你才不会在另一半面前低人一等。

前一阶段，很多人都非常羡慕奶茶妹妹，因为她嫁给了京东掌门人刘强东。不过，这只是爱情中的一种模式而已，世界上的很多姑娘并没有那么幸运，而是通过不断奋斗，成为了自己喜欢的样子。

其实，男性不会永远地去为一个女性付出，甚至一直为了她砸钱——"他负责赚钱养家，你负责貌美如花"不过是这个世界留给女人的一则美好的童话故事。

女人应该想一想，是自己美若天仙，或者才华横溢，还是自己可

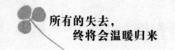
以做好家庭的后盾，才能让一个男人一直为自己付出。

好的感情和婚姻应该是势均力敌的，能够保持一种平衡。

如果双方有一个人一直都是将自己摆在很高的位置，不愿意付出，那么另一方早晚会身心俱累，产生怨言。久而久之，感情的破裂就是理所当然的。

曾经，小飞长得很漂亮，却不怎么喜欢读书。

大家问小飞日后有什么打算，她无所忧虑地说："趁着年轻，找个好人家嫁了呀。他负责赚钱养家，我负责貌美如花就行啦！"后来，小飞也没有继续读书，果真找了一个还不错的商人嫁了。

由于丈夫大小飞十岁，所以结婚后小飞被丈夫捧上了天，慢慢地她被丈夫宠成了公主。小飞很挑食，每天都要在吃上纠结很久。丈夫就想尽办法去讨好和满足她，但小飞每次都是一副嫌弃的表情。渐渐地，两个人也发生了争吵。

由于丈夫的前女友非常会做菜，所以丈夫也要求小飞为自己做些好吃的。不过，小飞立马拒绝了，认为自己天生就是享受的命，不该进厨房去碰那些锅碗瓢盆。

此外，由于两个人都不做家务，所以家里总是一团糟。很多时候，衣服泡在盆里几个星期都发臭了，小飞都没有意识到。

有一次，小飞的婆婆来他们家，看到了这混乱的一切，非常生气，就质问小飞整日在家为何不做家务。小飞理直气壮地说道："我被娶进门就是来享福的，难道你们要一个保姆吗？"

婆婆很无奈。后来，婆婆一个人将他们的房间打扫干净，把衣物洗好。随着时间的推移，小飞的丈夫心里堆积了很多怨言，但又觉得小飞年纪小、不懂事，应该慢慢教。

那天，他心平气和地和她谈道："飞飞，我也不要你整天去洗衣、做饭、打扫房间。由于我生意上很忙，所以也没空管这个家，你作为一个家的女主人，应该将这个家打点好。你可以请家政人员过来帮忙，也可以请阿姨过来烧饭，但是请不要什么都不做，甚至用那种态度对我的母亲。"

听到丈夫这样训斥自己后，小飞生气地摔门而去。

因为这件事，两个人之间出现了隔阂。后来，丈夫总是以工作忙为理由很晚才回来，甚至不回来。有一次，喝醉的丈夫回来后对小飞大吼："你这个懒女人，吃我的喝我的，不工作，不做家务，还以那种态度对我和我的母亲。你想过吗？你就是一条寄生虫！"

当小飞听到"寄生虫"这三个字的时候，眼泪夺眶而出，曾经的一切甜言蜜语、花前月下瞬间都消失殆尽。

再后来，小飞的丈夫身边多了一个温柔贤惠的女人，可以照顾到他的生活。最终，小飞无奈之下与丈夫离婚了。

小飞的婚姻一开始很幸福，但是在组建家庭后，她没有懂得去经营自己的婚姻，一直被"他负责赚钱养家，我负责貌美如花"的谎言所欺骗着。

说实话，这个世界上，所有的婚姻都需要自己去呵护和经营。

姑娘们，不能指望对方一辈子将自己捧在手心里，应该学会自立自强，懂得得到与付出的关系。你不可能永远靠着美貌去经营一段感情，因为容貌总有一天会让对方产生视觉疲劳，甚至变得淡而无味。

姑娘们，更不要将自己的人生寄托于一个男人身上，那会导致非常悲惨的结局。每一个姑娘都应该拥有独立人格和经济，那么，建立在这两者基础上的感情将是坚不可摧的。

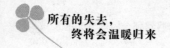
2. 我们总是在婚姻问题上大打折扣

我们可以耗费十年时间

去和一个人爱情长跑、耳鬓厮磨。

然而，我们竟在不到一年的时间里

闪电般地完成了婚姻大事。

在这个速食的年代，人们已经很难再静下心去谈一场风花雪月的恋爱，更不愿意耗尽心思和精力去感受爱情中的酸甜苦辣。

正如吃快餐，我们可以在几分钟内拿到点好的食物，在短时间内迅速将其吃完。吃不完的，最后可以毫不留恋地扔掉。

到了一定年纪后，我们都会怀念年轻时候的爱情。那个时候，女孩子会很简单地喜欢上一个男孩子，就像那句话所说："那时候，我喜欢你，并不是因为你有房有车，而是因为那天下午，阳光正好，你穿了一件白衬衫。"

关于爱情和面包的话题已经谈了无数遍。当然，选择面包是无可厚非的，因为没有面包只有爱情的婚姻就像肥皂泡，一碰就碎。然而，光谈面包的婚姻就好像一次商品交换。

男人希望对方既要貌美如花，又要做个贤妻良母。女人希望对方高大帅气，还要专一多金。就这样，双方将自己的条件一一摆出来后，就开始了选择的过程——所谓的相亲，似乎就是现实商品的等价交换。

那天，我遇到了阳，当时同学里的富二代。就在前不久，他在父母的催促下结婚了，这让我十分震惊。

我问他："你不等小幽了吗？"他笑笑说："小幽已经去了澳大利亚，她有太多的事情要做，而我已经无法跟上她的步伐。说实话，我父母并不是太喜欢小幽这种女强人性格。"

我又问："你和小幽在一起五年，但最后和一个认识短短五个月的女孩子结了婚……你不觉得可惜吗？"

阳面无表情地说："没什么可不可惜的。我父母觉得我该有个家庭了，那就该有吧。虽然我不爱这个女孩子，但是她起码让我的父母满意，那就好了。这辈子没有和小幽在一起，是我没有那个福分。"

那个时候我对阳的选择很失望，但也可以表示理解。

他曾经是那么爱小幽。

在大学时期，新生开学典礼上，阳偶然看到了一位长发飘飘的女孩子，惊鸿一瞥，从此再也无法忘怀。

当时由于人多又挤，还没等他回过神来，小幽已经被淹没在了人海之中。最后，他只留下一张背影模糊的照片存放在手机中。

没有办法，在经过一周的辗转难眠后，他觉得再不找到这个女孩子，自己肯定会后悔一生。于是，他就将那张模糊的背影打印出来，张贴到了新生宿舍楼下。就这样，小幽被阳搜索了出来。

在阳费尽心思，对小幽进行了各种礼物的轮番轰炸而她丝毫不动芳心之后，他开始了另一番谋划——投其所好。他慢慢知道，想要追到小幽这样的姑娘，肯定不能用一般的方式。姑娘需要的是走心，而不是表面功夫。

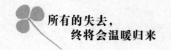
尽管阳是一个富二代，但他并不是个不学无术的花花公子。

后来，阳知道小幽迷恋后现代艺术，于是只要有各种后现代艺术展览，他都会邀请小幽一起去。此后，他每周都会送一本后现代主义大师的书给小幽，从德里达、福柯、哈贝马斯，再到拉康、詹姆逊。

最后，小幽的宿舍里摆满了这些书。当然，阳也成功追到了小幽。

就这样，他们从大一开始相恋了五年时光。有一天，小幽找到阳，说有一个工作机会要去澳洲三年，希望阳能够和她一起去。

然而，当阳将这件事告诉父母的时候，他的父母坚决反对，并希望他们能早点结婚。不过，倔强的小幽根本不愿意那么早进入家庭生活。

在这种两难情况下，阳选择了家庭，因为他要接管家族企业。

就这样，两个人走向了不同的道路。

小幽走了以后，两个人的感情越来越淡，有的时候因为忙碌，一周都说不上一句话。后来，阳的父母为阳找了一个顾家的女孩子，能够相夫教子，而这个女孩子也需要找一个家庭条件好的老公。就这样，两个毫不相关的人被硬生生地拉在了一起。

阳和这个女孩子认识不到五个月就步入了婚姻的殿堂，一切都像是在例行公事。在结婚仪式上，阳面无表情地念完了结婚誓词，从此他的世界里再无小幽这个姑娘。

总能看到一些这样的故事：在两个人爱情长跑几年之后，所有的浪漫与激情都逐渐褪色，他们有的只是厌恶和疲惫。最后，在短短几个月的时间，他们各自飞速完成了婚姻大事，不禁让所有人唏嘘。

的确，过了一定年纪后，我们就会越来越疲惫，越来越不想去等一段没有结果的感情。面对理想和现实，最后还是向赤裸裸的现实妥协。

其实，很久以后，我们才知道自己放弃了此生最该珍惜的人。那时候，我们才开始后悔，为什么当时不能停下脚步去等一等他（她）？

3. 恋爱是浪漫，而婚姻是责任

恋爱可以是甜言蜜语，

可以是花前月下，

但是婚姻是宽容和理解，

更是责任。

恋爱可以充斥着鲜花巧克力、甜言蜜语，然而一旦进入了婚姻的殿堂，就是包容、理解和责任。只是在年轻的时候，大家还不懂婚姻中的那些潜规则。

在我看来，无论是男性还是女性，你都有权利保持单身，更有权利去过自己想要的生活。然而，一旦你选择跨入了婚姻殿堂，那么就应该对家庭负责。

我们不该轻易结婚，更不该轻易离婚。既然选择了对方组建家庭，那就该想清楚，两个人应该共同维护好这段婚姻。

现在很多男女都是凭一时冲动结婚，最后才发现两个人其实并不合适，然后草草离婚。如果没有孩子还好，可一旦有了孩子，他们就该为孩子考虑。

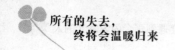
如今，有一部分家庭，夫妻双方已经全然无爱，貌合神离，完全是为了孩子才一直走到现在。在这样的家庭里，尽管表面是完整的、风平浪静的，但是内里早已四分五裂。

对于婚姻，我们应该谨慎选择，不要因为冲动选择结婚，更不要因为冲动而离婚。

那年，肖肖的父母离婚，而她没有阻拦。大家问她为什么，她回答："这是他们的选择，我无权干预。"

当时肖肖说得特别无奈，脸上透着麻木不仁的表情。是的，她的心从那一刻已经被彻底击碎了。

我们都知道，肖肖其实是想拯救这个家庭的，只要她当时坚持就一定可以挽回这个家。不过，她还是放弃了，因为太累了。她不想再看到父亲殴打母亲的样子，更不想看到母亲无止境的眼泪，在这样无爱的家庭里生活是非常可怕的。

肖肖从小到大看到的都是父母之间的争吵，从来没有感受到一丝关爱，这日积月累的创伤给她带去了无尽的痛苦。

父母没法在一起生活了，那是他们的事，但对于孩子来说，这是一种缺失和一道分裂口。

组建家庭就意味着责任和承担，更意味着付出和容忍。

对于夫妻来说，也许两个人分开是一种解脱，但对于孩子来说是一种巨大的伤害。在孩子的意识里，那将永远留下一个缺口，也许终生都不会被填补。他们甚至会觉得自己是一个多余之人，是因为自己的存在拖累了父母。

缺失是需要补偿的，所以他们将会面临诸多压力和心理问题。这种补偿会通过一系列的极端行为去实现，这是一件非常可怕的事。

钱锺书曾说："婚姻是一座围城，城外的人想进去，城里的人想出来。"

的确如此，婚姻将两个毫不相关的人连接到了一起，并且让两个流浪的灵魂变得不再孤单。一个人的时候，希望能够有一个人陪伴自己吃饭、散步、看电影、逛超市、相拥入眠。

是的，这一切都是那么美好和幸福。不过，这些很多都发生在热恋期。两个人一旦选择结婚，那么你将一辈子和同一个人做这些事情——我不知道有多少人能够忍受一个人一辈子。

说实话，恋爱是看到一个人的优点，而婚姻将是面对一个人的缺点。如果女人无法忍受一个男人的各种缺点，例如懒惰、邋遢、大男子主义……那么结婚还是谨慎一点好。

结婚后，你会发现，曾经那个在外绅士的男人，回到家里将变得特别懒散。他们会到处乱扔自己的袜子，床底下、沙发底下甚至垃圾桶里……你甚至会惊讶，这还是自己认识的那个人吗？"人生若只如初见"该多好！

如果一个男人无法忍受妻子做菜没有妈妈做的好吃，更无法忍受妻子为什么要买那么多的衣服、鞋子、包包、化妆品，那么还是谨慎考虑婚姻这件事吧。你要好好思考，自己要找的到底是一个可以照顾自己的保姆，还是能够陪伴自己走过人生的伴侣。

如果说，恋爱是一种索取，那么婚姻将是一个付出的过程——两个完全不同的个体将不断地进行磨合，并且愿意包容对方的缺点。

说实话，婚姻就是要两个人学会装傻，可以不计较对方的缺点。为什么很多夫妻总是争吵，甚至两个人到了动手的地步？就是他们太过较真，并且控制欲太强，希望对方能够按照自己的意志去做事。

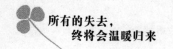
这的确是一件非常傻的事情，每一次争吵都会给对方带去一次伤害。当这种伤害越来越多，多到无法忍受的地步时，这样的婚姻也在走向尽头。

婚姻不像恋爱，永远充斥着美好。婚姻是两个人互相让步、迁就、投降的过程，需要男女双方去共同经营。说白了，婚姻就是责任。

4. 你有权利选择独身

保持独身并不可怕，

可怕的是你因为社会压力

将就了一场无爱的婚姻。

在到了谈婚论嫁的年纪，那些心急的男女就好像要完成一场赛跑，飞奔着跨过终点线。对于恋爱，人们总是很挑剔；但对婚姻，似乎就变成了一场凑合的商品交易。

在这个浮躁的年代，谁还有空去谈一场浪漫的恋爱？最终，只要双方看着顺眼，条件相当，那就可以相伴度过一生了。

我身边有很多女性是独身主义者，她们有着自己的人生规划，对自己想要什么有着清醒的认识。

女人结不结婚，和谁结婚都是她们的个人选择，根本不该受到社会舆论的压力。

这个社会对女性总是那么苛刻，尤其女人对女人的挑剔，非常可怕。同为女人，大家对这个群体应该是感同身受的，而非是一种互相对抗的态度。

很多女人看到一些独身的女人就会变得聒噪，开启了小喇叭模式。这些女人特别喜欢催婚，甚至会说出诸如这样的话："你年纪都那么大了，怎么还不结婚？""你再不结婚就找不到合适的对象啦！""你再不找个人结婚就没有优势和资本啦！"

是呀，那些无聊的女人为独身女性操碎了心。

安吉拉是一位独立制片人，剑桥大学哲学系毕业，有过一段短暂的恋情。她喜欢拍摄有底蕴的文艺片以及纪录片，她说："人生就该被艺术地记录下来。"

年近 40 岁，安吉拉还是保持单身，因为她不想将就着度过此生。

作为独立制片人是辛苦的，因为拍摄的费用都需要自己去拉投资。很多时候，安吉拉为了防止片子沦为商业化，不惜拒绝了许多巨额投资。她说："我对自己的拍摄有着某种坚持，不希望它被某种利益驱使，甚至走偏，我没有必要为了钱丢掉自己的操守。"

安吉拉对于恋爱和婚姻的态度也如同影片一样，有着自己的原则。周围很多人都劝她不要这么累，这么拼，找一个优质男嫁了才是女人的最终归宿。不过，在安吉拉看来，恋爱和婚姻不是人生的全部，自己更不该被那样的模式所束缚。

每当有人催她结婚的时候，她就这样说："我为什么要这么急着结婚呢？你们以为 40 岁就非常可怕吗？我这样的状态难道不好吗？我希望在做每件事的时候都能够遵循内心的选择，而不是要另一个人说'是'或'不是'。"

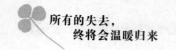

　　的确，安吉拉有自己的事业和生活，能够负担一切开销，更有精神上的追求，无论是哪个方面都不用依附男性。

　　安吉拉继续说道："其实，在独身生活中，我的支配感得到了极大的满足，生活中的一切都能够自己做主，没有人会指责我，我甚至可以用'随心所欲'来形容现在的生活。

　　"我可以为了一部剧本思考一个晚上，也可以爬到山顶上为一个镜头思考一整天，甚至在心情不好的时候一头扎进商店去'血拼'……没有人会在我的耳边唠叨不休，也不会有人强迫我无趣地去洗衬衣和袜子——我的才能可以在这种自由的状态中发挥到极致。"

　　很多人都觉得安吉拉已经偏离了正常的生活轨迹，甚至心理有些问题，但是我觉得她对自己想要什么有着清醒的认知，而不是人云亦云，跟风扎进婚姻的围城。

　　安吉拉又补充道："我觉得每个人都有独身的权利，因为那是保持自我的最佳方式。当然，我也在等那个对的人，只是一直没有等到罢了。我觉得能共同组建家庭的人，必须是三观相投，有着共同追求，并且能对对方保持包容的态度。"

　　在社会舆论压力下，很多女性都会和这个世界妥协。或是看着周围人都跨入了婚姻的殿堂，或是被父母催婚了，所以也觉得自己应找个差不多的人结婚算了。

　　其实，这是一种非常不成熟的想法，甚至会导致一桩悲剧婚姻的发生。婚姻应该建立在爱的基础上，并且在精神世界中，两个人应该有着某种共同的认知和追求。

　　当然，自由也是要付出代价的，独身者必须承受常人无法感知的孤独，要有一个人坐到天亮的心境。

很多时候，节假日是独身者最难熬的时候，不便打扰身边的朋友，更不愿意独自上街游荡，因为害怕被成双成对的恋人们虐。那个时候，很多人都会有一种结婚的冲动。

我对婚姻持一种包容的态度。

在我看来，选择暂时单身或者永远独身的人，都已经超越了某种社会纲常伦理的束缚。恋爱和婚姻对他们来说已经不是必要条件，或者是此生一定要完成的任务，他们会等到合适的人出现后再谈婚论嫁，或者会选择一种更加自由的状态去对待这个问题。

选择独身并不可怕，也不是什么羞于提起的事情，可怕的是你因为社会舆论压力去将就了一场无爱的婚姻。

5. 门当户对的感情

> 不要对门当户对嗤之以鼻，
> 过了很多年，你会发现：
> 背景相当、精神一致、势均力敌的感情
> 是最容易走下去的。

老一辈人常说，要找一个门当户对的人。

可能很多人会对这个说法嗤之以鼻。但是不可否认，门当户对的两个家庭出来的子女，在感情路上会更容易牵手走下去。

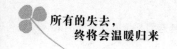
　　我有一个女友叫可可，出生在一个书香世家，从小到大，琴棋书画样样精通，身边接触的都是文化圈的名流。

　　可可就这样被父母当公主般捧在手心里宠了将近二十年，当然，她也有这个资本被宠爱。然而，这一切都止于她的爱情。

　　在 20 岁那年，可可爱上了一个玩摇滚的男孩——子耀。子耀属于放浪不羁、热爱自由的类型，从小就过着随意的生活——打架、斗殴、抽烟、喝酒，样样都会。尽管这样，没有经历过江湖险恶的可可还是无法自拔地爱上了他。

　　两个人相识于一次朋友生日会，子耀作为嘉宾被邀请来助兴。他狂傲的眼神一下子让可可无法忘怀，从此便开始了爱恨纠缠。

　　爱上这样一个人是痛苦的，因为在他的世界里从来都没有规约与束缚。从小，可可就是被当作大家闺秀培养的，所以言谈举止、待人接物都与子耀相差甚远。可可不喜欢子耀满口脏字，更不喜欢他抽烟、喝酒、泡吧——然而，由于爱，她还是无条件地接受了这些。

　　有一次，可可怎么都联系不上子耀，最后在酒吧里找到了他。那时，子耀喝得烂醉，貌似和别人产生了一些不愉快。

　　可可生气地将他往外拉，告诫他不要再喝了，然而子耀突然发怒了，向她吼道："你这个娇生惯养的女人，凭什么来管我？"

　　当时可可愣住了，也吼道："我是你的女朋友，我怎么没有权利去管你？"

　　这个时候，子耀肆无忌惮地笑着说："女朋友？你是我女朋友？真是太可笑了！"

　　那一刻，可可非常难过，原来自己都是在一厢情愿地付出。她终于明白，自己和子耀的距离太遥远了，他们根本是两个世界的人，没有一点儿交集。

可可之所以爱上子耀，是因为他的世界属于她从未触碰过的，代表着自由和不受束缚。她觉得子耀身上没有虚伪和做作，可以带自己脱离一切规约和束缚。

然而，可可太单纯了。由于两个人的家庭背景、教育背景、文化背景相差甚远，所以仅仅凭那可怜的一时兴起，根本不可能维持未来的生活。

终于，有一次子耀情绪失控，动手打了可可，让她彻底绝望了。短短三年时间，可可看着镜子中憔悴的自己，像是经历了十年风雨。哀莫大于心死，最后她连说分手的力气都没有了。

在和子耀分手后，可可接受了父母的安排，尝试着和一个医生世家的男孩子交往。尽管这个男孩子很难点燃可可的热情，但是他斯文、礼貌、绅士，懂得照顾人，尊重可可。

更重要的是，他们的精神世界相通，琴瑟和鸣。

韩剧中总有一些王子爱上灰姑娘、公主恋上穷小子的桥段，中国也有很多此类故事，就举一个最简单的例子：一个穷小子和一个家里条件优异的姑娘在一起了。

姑娘身边的朋友都不看好，家人强烈反对。到最后，连男孩子的心都是忐忑不安的。然而，只有那个姑娘坚定地对他说："相信我，我也相信你。我们会永远在一起的，你的事业也一定会成功的。"

故事的结局就是，他们幸福地在一起了。说实话，这样的桥段有很多，但是其中磨合的过程要付出巨大的代价。

在中国，婚姻不仅仅是两个人的结合，更重要的是两个家族的结合。婚姻不像恋爱那么纯粹，其中夹杂着太多复杂的因素，尤其我们

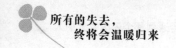

不可能任性地抛开父母不顾。

也许，你觉得门不当户不对的感情也能走下去，只要对方爱你就好。然而，这天真的想法会让你的感情遭遇巨大的困境。

很多时候，你会发现，门当户对意味着各个方面的匹配，世界观与价值观的相投。当你描述一件事情的时候，对方应该是毫不费力地能接上话，而不是傻傻地问你为什么。

爱情可以像童话一样美好，但婚姻就是现实的柴米油盐酱醋茶，充满了世俗气。我们不可能花前月下一辈子，更需要实实在在的生活。

兜兜转转，最终你会发现，无论是外在条件的门当户对，还是精神世界的门当户对，都能够让一段感情走得更远。怕的就是没有任何共同的连接点，只靠着一时的热情走到了一起，最后只能悲剧散场。

6. 减少对爱情上"瘾"

> 上瘾是一件很可怕的事情，
> 会让你产生依赖感，
> 并且削弱你的独立性和竞争力。

人出生来到这个世界，都在不断地同周围的人与事发生关联。在这个过程中，我们会不断地对它们"上瘾"，产生某种依赖感。

然而，这种"上瘾"是非常可怕的，一旦他们离开了你，你就必须经历万分痛苦和折磨的戒瘾过程。

歌德曾说："我们虽可以靠父母和亲戚的庇护而成长，依赖兄弟和好友，借交游的扶助，因爱人而得到幸福，但是无论怎样，归根结底人类还是依赖自己。"是呀，归根结底，我们无法永远依赖这些人与物。

身边有很多女孩子都会用一种几近疯狂的方式去减缓压力，而这慢慢成了一种"瘾"，例如买衣服、鞋子、包包、首饰，再比如暴饮暴食、流连于酒吧……

虽然这些都可以暂时缓解某种痛苦，可是过犹不及，一旦这些客体离开或伤害自己的时候，她们就会感到非常痛苦，伴随而来的是无尽的焦虑与抑郁，还有持续的不安全感。

朋友 Lily 特别喜欢用食物减压，她说："这个世界上所有人都会离开你，但只有食物会永远忠诚于你。"

每当她工作不顺利，或者和男朋友吵架的时候，她都会去超市买上一堆甜点和饮料，将自己锁在房间里，一边看电视一边吃这些食物。吃完后，她的胃都会因不堪负重而变得非常难受。

记得有一次，Lily 的男友因为工作太忙忘了她的生日，他们因此大吵了一架。

Lily 拉着我跑到超市，买了整整一推车的食物。当我看着这满满一车食品时，惊讶地问道："你这是要把它们都吃了吗？"她也惊讶地瞅瞅我："不然呢？"

那天晚上大概十点的时候，我接到她的电话，说自己胃痛得难受。慌乱中，我赶到她家，将她送去了医院。经过检查才知道，Lily 由于长期暴饮暴食，得了肠胃炎。

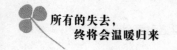

当时，Lily 抱着我哭道："古茗，我也不想这样，可是我真的很痛苦，这是我唯一的发泄方式。我想戒掉，可是我真的已经上瘾了，怎么都摆脱不掉。"

那个时候我也只能开导她、安慰她："再怎样也不能用这种伤害身体的方式发泄呀！食物不可能永远对你忠诚，也会在不经意间伤害你的。"

从那之后，Lily 戒掉了暴饮暴食的坏习惯，改成了去跑步、打羽毛球、练瑜伽。她跟我说："你以前说得对，千万不能过分依赖某个人或某件事，最终我还是靠自己战胜了那些消极情绪。"

当然，除了对物品"上瘾"，人们还会对爱情上瘾，尤其是女人。她们往往会对男性产生依恋，而这种"瘾"大多会让她们迷失自我，甚至造成悲剧的结局。

因为对男性的依赖，很多女人将生活的重心全都放在一个男人身上，甚至丢掉了自己的事业与圈子。著名演员马伊琍曾经说过这样一句话："事业是一个女人永远不可丢弃的一部分，多少女人因为一个'钱'字选择了卑微；又有多少女人因为没有'事业'，降低了自己的地位！"

我很赞同她的观点，也非常支持女性有属于自己的事业。当然，女人不必非要做什么女强人，也不必成为什么上市公司老总，因为那些成就的背后还有很多因素。

作为普通女性，你只需要有一份自己热爱的工作，因为这样可以分散自己的注意力，不用每天围着老公、孩子、家庭琐事团团转。无论这份工作的价值大小如何，只要能充分体现自身的价值就好。

此外，工作可以让你不至于和社会脱节，因为与社会脱节是一件

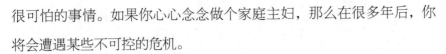

很可怕的事情。如果你心心念念做个家庭主妇，那么在很多年后，你将会遭遇某些不可控的危机。

对于女性来说，在这个世界上，千万不要对男性过分"上瘾"，因为人是会变的，事也是会变的，而你唯一能掌握的就是自己，所以一定要让自己变得独立而坚强。

在生活中，有些事情是不可操控的。

也许你和另一半相爱时，爱得轰轰烈烈、惊天动地、你死我活，可是再过十年、二十年呢？你操劳多年，将一切心思都全心扑在洗衣、做饭、带孩子上，最终忘了经营自己——这是一个不理智的投资方式。

也许你觉得这种观点很悲观，也很偏激，也许你坚定地认为自己的另一半不可能变心，当然还有很多也许……

对于女人来说，最重要的是取得生活中的主动权，而这一切都将是你受到另一半尊重的条件——

不要等到若干年后，你换来一句："你整天什么都不干，白吃白喝，花着我的钱！"

或者当你看着心心念念的包包和衣服的时候，他对你说一句："不要乱花钱，省着点。"

这个时候，你才发现自己处在多么被动的地位。

请不要过分地对某个人或某件事"上瘾"，因为过分的依赖终究会伤害到自己。你必须变得足够强大，靠着自己的意志力独立地克服某件事，才不会被打倒。

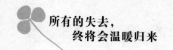
7. 只有学会爱自己，才能好好爱别人

爱是一种态度，

不仅仅是爱别人的能力，

更是一种爱自己的能力。

在漫漫人生中，爱是一种态度，更是一种能力。我们不仅要学会爱别人，更要懂得爱自己。

母亲总是告诉我要对自己好一点，她说："如果一个人对自己都那么苛刻，你怎么指望他能对别人好呢？"的确如此，到了一定年纪，我发现那些对自己好的人，对别人也不会太差。

说实话，母亲对自己好得没话说。

很多女性到了一定年龄，喜欢将好的东西留给自己的孩子，或者丈夫，对自己十分苛刻——她们舍不得买衣服，舍不得吃好的，生怕浪费钱。这种节省的态度是好的，也符合中国女性的传统美德。然而，我想强调的是，有时候这种方式并不是真正在爱他人。

我一个朋友 D 的母亲，非常疼爱自己的儿子，有什么好东西都会留给他。她说："我自己可以苦一点，但是不能让儿子吃苦。"

如果你觉得这样的女性是非常宽容的，那么你就错了——她的这种爱是自私的，更是苛刻的。

大学毕业后，D 留在了北京一家非常著名的律师事务所，那是很多人都梦寐以求的工作。然而，他的母亲特别不愿意儿子离开自己，巴不得他每天都能在自己眼皮底下生活。后来，她特地去医院开了一张假的心脏病证明寄给了 D。

　　D 收到母亲的心脏检验单后吓坏了，赶紧辞了北京的工作回家。当他回家后才发现自己被骗了，母亲正健健康康地坐在家中和朋友们搓麻将。

　　后来，每当 D 做得不好，或是让母亲不满意了，母亲都会用自己的付出作为挡箭牌。她总是哭天喊地着说："妈妈好不容易将你养大，钱都省下来给你用，你从上到下穿的、用的哪个不是我从牙缝里挤出来的？"

　　每当母亲用这个作为挡箭牌的时候，D 都束手无策。

　　当 D 谈恋爱后，母亲开始控制他的财政，不让他为女朋友多花一分钱。有一次，D 为女友买了一瓶比较贵的香水，母亲非常生气，硬是威胁着让他将香水退了，而原因依旧是老一套："我把你拉扯大，舍不得吃，舍不得穿，可你现在有能力赚钱就开始大手大脚了，谈个恋爱也用不着那么大的开销吧？"

　　就这样，D 没有办法，再一次妥协了。最终，由于什么事情都要经过母亲的批准，所以女孩子和 D 分手了。

　　的确，这样的爱是自私的，更成了一种威胁的工具，真的很可怕。

　　说实话，我相信一个对自己超级好的人，也一定会将他人捧在手心里。不信，你可以看看周围类似的人。

　　我的母亲算是一个特例，她像现在的 80 后、90 后，喜欢买自己喜欢的东西。但是，不要以为她只是对自己好，在买东西的同时，她会

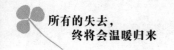
想到为外公、外婆、爷爷、奶奶都带上一份，当然还有我和爸爸。

母亲特别喜欢给外婆买很多保健品和衣服，看到什么适合外婆的就会带上。

外婆是个女强人，有自己的生意，深知赚钱的不易。每当外婆看到母亲买一堆东西送来的时候，她就会特别生气，因为觉得这非常浪费。

不过，在母亲看来，这是理所应当的。母亲觉得，就应该要以自己的生活标准去对待每一个亲人。

几年前，母亲去北京旅游，看到唐装店里的旗袍非常漂亮，于是花了不少钱专门订制了一件。后来，她又看到一件蓝色男士唐装也很漂亮，于是就打电话回家问了爷爷和奶奶的身材尺寸，买了两件带回去。

当母亲将这两件唐装带给他们的时候，奶奶是一种责备的态度，她说："媳妇，你怎么每次都买这么贵的东西给我们？多浪费钱啊！"

那个时候，母亲就笑呵呵地说："这是孝敬你们的，花再多的钱也没关系。钱这种东西，生不带来，死不带去。"

尽管爷爷和奶奶嘴上是责怪母亲的，但是每当参加重要的场合，他们都会穿着母亲送的唐装去。

有的时候，我非常不理解母亲的思维，甚至觉得她是在过分浪费资源。不过，很久之后，我慢慢发现，母亲其实是特别善良的女人。

女性总是被冠上了一种特殊名号：节俭持家才是贤妻良母的标志。她们不能买自己喜欢的衣服、鞋子、包包，不能享受更好的生活，不能去自己喜欢的地方旅行。做个贤妻良母相夫教子、照顾公婆的同时，她们还得放弃自己的喜好。

这对她们来说真的太过苛刻了。

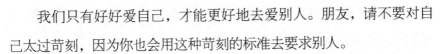

我们只有好好爱自己，才能更好地去爱别人。朋友，请不要对自己太过苛刻，因为你也会用这种苛刻的标准去要求别人。

说实话，生活其实就是一个原谅的过程：我们在原谅自己的同时，也在原谅他人。

8. 莫恋曾经，不惧未来

> 不念过往的伤痛，
>
> 不恋曾经的辉煌，
>
> 不惧未来的挑战，
>
> 把握当下的生活。
>
> 如此，我们将成为更好的自己。

沉迷于过往是一种非常可怕的态度，也是非常危险的。

那些过往，无论是好事，还是坏事，对于当前的我们来说其实都没有多少意义了。沉浸于"曾经"，是对当前的麻木不仁，也是对未来的视而不见，最终只会将我们推向悬崖边。

有句古话说："好汉不提当年勇。"在和朋友聚会的时候，我们总是能听到一些话："我曾经可是……""我当年也是和××吃过饭的……""我的前任是……"

人们总是会产生这样一种错觉：在取得了某种成绩后就会自以为

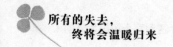

了不起，从而越来越看不清自己。人生就是这样，当你沉迷于表面的浮华时，或多或少会迷失自己。

当人们看着科技市场上那些曾经风光一时、从辉煌走向没落的巨头时，不禁感叹商界的残酷无情——他们无法从过去的辉煌中走出来，无法摆脱曾经的光环，因循守旧，最终一步步走向落幕。

当诺基亚集团被微软以约54.4亿欧元收购的时候，不知道有多少人会和我一样长叹：那个曾经陪伴我们走过青春的诺基亚，终究是难逃此劫。当年，几乎人手一部的诺基亚手机最终无法躲过智能手机大军的侵袭，慢慢退出了科技市场。

再看看一度占据高档手机用户心灵的黑莓，因为"绝对的傲慢"也将自己慢慢逼向了绝境。在iPhone进入市场的时候，根据2011年8月《华尔街日报》一则报道，据说黑莓创始人迈克·拉扎里迪斯当时还告诉他的员工："放心吧，没有人会购买iPhone的，大家都喜欢黑莓操作系统，人们不希望自己的手机上有一部个人电脑，他们只是想检查邮件。"

黑莓的高层根本没有将iPhone的到来放在眼里，一直沉迷于全键盘之中，而疏忽了苹果公司的野心。最终，它们沦为了牺牲品，只能另寻出路。

除了沉溺于过往的辉煌中外，还有就是无法从过往的伤痛中走出。这种被悲伤折磨的痛楚，能将一个人的斗志与信心都消磨殆尽。

大二那年，同学小维突然接到妈妈去世的消息，心情异常悲痛。她整个人都崩溃了，满面愁容，眼睛每天都是肿的。就这样，突如其来的变故将小维彻底打垮了。

我知道小维非常爱她的母亲，因为母亲是她生命中唯一的精神寄托。在小维六岁的时候，父母离婚，她被判给了母亲。这么多年来，母女二人相依为命，互相支撑着生活。

小维在外读书期间，她的母亲查出了肝癌，而且是晚期。母亲为了不让小维担心，让家里亲戚都瞒着她。

在母亲去世后，小维整个人都变了。她不再参加学校的任何活动，也无心去上课，每天除了吃点东西外就躺在床上。

同学们都非常理解小维失去至亲的心情，因此会有意带她出门散心或者拉着她去参加一些活动。然而，大家做的一切都是徒劳，没有起到一点作用——小维将自己封闭在小世界里不和任何人接触，活得越来越压抑，越来越没有生活的希望。

就这样持续了大半年，我实在看不下去了，将异常颓废的她拉了出去。我问她："小维，你到底是怎么想的？"她的神色依旧黯淡无光，无所谓地答道："没怎么想，就这么行尸走肉般地过吧！"

我生气地问："你这样一直沉浸在母亲去世的伤痛中，对得起天上的她吗？"她突然声嘶力竭起来："妈妈都不在了，我的生活还有什么意义？"

那一刻，我不再说话了。我知道，不管我再怎么说下去都没有用了。

学期末，小维没有参加期末考试。

看着小维空荡荡的座位，大家心情复杂，不知道该怎么办。曾经，小维是我们的学习委员，每到期末都帮着大家整理资料，督促同学们的学习，可是现在……

大三开学那天，我们没有再看到小维。辅导员告诉我们小维辍学了，去了南方的城市。大家用了很多方式去联系她，想让她再回学校，只是再也无法找到了。

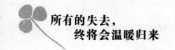
　　我明白，这件事如果换成是我自己，可能也无法接受。

　　在人的一生中，或多或少都会遇到大大小小的灾难和变故。然而，我们该如何面对这些事情，是所有人该思考的问题。

　　无论是过往的悲痛，还是曾经的辉煌，我们要做的是不遗忘，但更该做的是不沉溺。过去的都已成为往事，而这种往事在某种程度上和幻觉无异，都是无法触及的假象。这种假象会让我们迷失，沉沦，甚至无法自拔。

　　在《哈利波特与魔法石》中，哈利看着厄里斯魔镜中的自己与家人，根本无法将视线离开。这时，邓布利多告诉他人不能只活在幻想中，应该面对现实。

　　还有，在电影《搏击俱乐部》中有这么一句话："我每晚都会死一次，可是又重生一次，复活过来。"

　　一个人，对生活应该有某种态度，就像是睡觉一样——当你睡过去的时候，这一天发生的事都已经成为了过往，而你醒来的时候，那才是自己可以把握住的人生。

　　亲爱的朋友，请不要因过往的伤痛和辉煌变得麻木不仁，更不要被它们击倒。你要做的是不断挑战自我，超越"曾经"，不惧未来。

　　如此，我们便能成为更好的自己。

第七章

原来，物以类聚，人以群分

你若盛开，芳香自来，

你若精彩，自有安排。

一路傻傻猜不透人心，以为付出就有回报，

遭遇友情的背叛后才发现自己的天真单纯。

原来，物以类聚，人以群分。

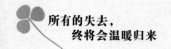
1. 你不够优秀，别人凭什么理你

生活在这个世上，

人脉网非常重要。

但是如果你自己不优秀，

别人凭什么去理你呢？

很多年轻人都想和"大牛"们做朋友，并且想挤入他们的圈子。这种心态是可以理解的，但是操之过急总会适得其反。

想踏入更高的圈子，认识更多的人是很正常的想法，但是当你开始了这场追逐后就会慢慢发现，圈里的人需要可以和他们匹配的朋友。所谓物以类聚，人以群分——你不优秀，那些优秀的人凭什么要跟你做朋友？

这个世界本身就是现实的，圈子不需要多余之人，更不需要与之不匹配的人。

很多家长为了孩子的未来操碎了心，他们为孩子建立了庞大的人脉网，牵线搭桥，奋力地将他们向前推。这样，不仅家长们非常累，孩子也非常累。

对于那些本身特别优秀、特别努力的孩子来说，父母的人脉能够助他们一臂之力。然而，还有很多扶不起的孩子，无论花费多少人力、物力、财力，他们依旧保持原样，没有一丝成效。这就不能怪别人了，只能从自身找原因。

有句话说得很对："你不优秀，认识谁也没用。"现如今是一个关系社会，所以人们也深谙人脉网的重要性。不过，人脉网只能给你一块敲门砖而已，或者说是一个可以接触资源的机会，如果你的能力无法达到那个层面，就算有再多人引荐也没用。

这种例子比比皆是，充斥在社会的各个角落。我们能看到许多"二代"，正是凭借人脉网做出了更大的成绩。相反，也有一群坑了父母的"二代"。

陆宇的父亲是房地产开发商，母亲是某集团董事，他是一个标准的富二代。陆宇从小就被父母捧在手心里，没吃过什么苦，只知道以后继承父亲的公司就行了。

有一段时间，陆宇迷恋上了动漫，想去投资成立一家公司。于是他的父亲就找了很多动漫界的"大牛"，希望凭借他们的力量帮助陆宇创办公司。

不过，说实在的，陆宇的水平很低，而且对创办公司的流程一窍不通。经过几轮交流后，那些"大牛"算是摸清了陆宇的底牌。每次陆宇和他们碰头，不是到某个地方享受美食，就是到某个地方泡温泉。最后，大家什么事情都没有谈成，时间就这么浪费掉了。

后来，那些动漫"大牛"都开始推掉陆宇的邀请，并且不再去理他。渐渐地，陆宇感到很失落，他问父亲怎么回事。

父亲了解情况后狠狠地训斥了他："我费尽心思让你接触这些资源，帮助你完成自己的梦想。可是你呢，整天就知道带着人家吃吃喝喝，也没有拿出什么建设性的方案。"

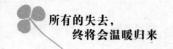
陆宇很不懂事地说："吃饭、娱乐不都是谈事情的必备吗？天下哪有免费的午餐？我这是在交流感情，而且我有钱啊，他们想要多少就能给多少！"

父亲无奈地说道："是，吃饭娱乐这些都很重要，但是你每次都拿不出实质性的方案，那些人怎么跟你合作？谁愿意加入一个草包创立的公司？

"你以为有钱就有用吗？你自身没有一点实力和才能，谁愿意听你的？我可以给你金山银山，但是你能拿这些创造多少价值，那还得看你的本事。这个世界有钱人很多，但不是所有人都会因为钱与你合作的。"

顿时，陆宇羞愧难当，感受到了自己的差劲。

更高的层次和平台意味着更加激烈的竞争。在这个竞争激烈的世界，如果光靠关系或者父母，自己不努力向前冲，那么早晚会被淘汰，根本无法得到圈内人的认可。

当然，我们还看到一群年轻人，已经不再脚踏实地地向前走，而是费尽心思地朝圈子里挤。

这是非常危险的做法，不利于未来的发展。我们应该知道，有些路是没法走捷径跨过去的，需要你有强大的实力才行。

屠呦呦在诺贝尔受奖词中这样说道："你若盛开，蝴蝶自来。"这么多年来，她都保持着独立的状态，并且对圈子有着清醒的认识。她不会溜须拍马，也不会为了什么利益而硬生生地往里凑。

当屠呦呦拿了诺奖后，外界才认识她——这才是大家风范。

每个人都应该有这样一种认识：优秀的人都有着相近的经历和相似的心境，所以一般人无法真正走进他们的世界。

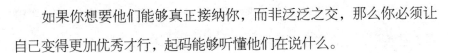

如果你想要他们能够真正接纳你，而非泛泛之交，那么你必须让自己变得更加优秀才行，起码能够听懂他们在说什么。

人脉网很重要，但请不要因此遮蔽了双眼。

你能够进入这个圈子，是靠着外力还是凭借自身的力量？如果你想要别人接纳你，那你必须有一点拿得出手的资本。

是的，你不优秀，凭什么让别人理你呢？

2. 别以为单枪匹马就能独步天下

> 人活于世，无法脱离社会群体，
>
> 点亮天空的永远是万千璀璨的星辰，
>
> 所以，单枪匹马永远不能独步天下。

在现如今这个快速前行的年代，如果你想要做成一件事，那么必须依托整个团队——要知道，孤星永远都无法形成浩瀚的星空。

在读书时期，英语老师总会给大家布置一些小组作业。这个时候，麻烦事就开始产生了。我记得有一次英语课，课堂上要讲的话题是"语言"。于是，组长就跟大家讨论，让组员们用自己的家乡话去朗诵一段中文诗歌。

这本来是一个非常活跃气氛的环节，并且能够增进大家的相互了解。不过，在分配任务的时候，有一个女生不愿意了。

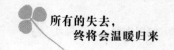
我很清楚，那天组长特意跑到她的身边，用恳求的语气说："珊珊，在英语课上，你能不能用你的方言朗读一下这首诗？"

珊珊直摇手："不要不要，我们那儿的方言那么难听，还是算了。"

顿时，大家都非常无奈。

我们组很多都是本省人，所以能有一个外地口音是非常好的。所以，正当大家满怀期待的时候，珊珊二话不说就回绝了，着实给所有人泼了一瓢冷水。

后来，我们慢慢发现珊珊就是这样一个什么团体活动都不愿参与的人。

其实，很多事情应该是小组成员配合完成的，需要每个人都出力。然而，真实的情况是，很多同学就只顾着自己的意愿，将应该履行的职责都推给了组长，根本不想插手过问。

这的确是一种很不负责的行为。

就这样，每一次小组活动，我们都找不到她本人，所有她该负责的事情都是由其他组员帮她完成了。因此，珊珊在大家眼里成了逃避责任的成员。

这个世界就是"出来混，迟早要还的"，你以为单枪匹马就能独步天下？那还真是一个非常天真的想法。

有一次，珊珊参加了一场舞蹈大赛，需要后援团到现场去捧场。她给班里的很多同学都发出了邀请，但是去支持她的人寥寥无几。尽管珊珊跳的舞蹈不错，但由于现场的支持者太少，她的排名很靠后。

说实话，在这个世界上，你想办成一件事，就必须依靠强大的团队去支持。珊珊之所以遭遇了没人支持的情况，是因为她之前的态度和行为，让她失去了强大的后盾。

俗话说："三个臭皮匠，顶一个诸葛亮。"我们知道，犹太人可以称为世界上最富于集体精神的民族，深谙团队合作的道理。

我们可以看到，那两本影响了全世界的巨著《圣经》和《塔木德》都是集体智慧的结晶。犹太人的合作已经超越了几个人的范围，而是几十人，甚至是上千人的合作，这的确让我们惊呼他们的智慧是集体的结晶。

由于命运和现实压力，犹太人的交际会局限在一个小圈子里，或是犹太同胞里。虽然这个圈子有时显得过于狭小，但是这让很多著名的犹太人成了学识上的伙伴和竞争对手，这会让他们相互进步，共同发展。

在经济圈里，犹太大亨们都秉承着合作的态度。

他们的生意伙伴一般都在犹太人中间选择。萨尔诺夫、迈耶、威廉·佩利、凯瑟琳·格雷厄姆等曾是最要好的朋友和生意对手，彼此在友谊和竞争中发财。

美国好莱坞的巨头梅耶、高德温、派拉蒙等五大电影公司都是犹太人的公司。这些犹太人的分分合合，以及剪不断、理还乱的关系垄断了整个好莱坞。

还有，像爱因斯坦、弗兰克、尼尔斯·玻尔、赫兹这几个好友和论敌曾推动了整个人类的科学进步。此外，西拉德、爱因斯坦、奥本海默、特勒也曾是要好的朋友。也正是这四个人的共同努力，才制造出了世界上最早的原子弹和氢弹。

在我接触的领域，影视圈算是最需要团队合作精神的了。很多时候，写小说的作者都很不适应编剧这一行——每当他们的小说被影视公司看中的时候，就需要再找一个职业编剧来改编。

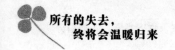
这就要谈到电影这个制作复杂的媒介了。

电影有别于传统的纸质媒体，它是编剧、导演、摄影师、剪辑师等人相互配合完成的艺术结晶，集结了众人的智慧。因此，作者必须适应这一媒介，因为这已经不再是一个人的孤军奋战，而是众人拾柴的过程。

团队合作能够让我们更加包容，并且学到其他人的优点，看到自身的不足。在单位里，总有那么一两个人觉得自己是"大牛"，把谁都不放在眼里。他以为自己来到了这个平台，为公司拉到了大订单就是无所不能的。

其实，这是非常错误的想法。

试想一下，如果不是公司的声誉平台给予了你机会，那么你是根本无法完成这些事的。当然，你还必须懂得，在身后有多少人托着你。

我们生活在这个世界上是无法脱离社会的，点亮天空的永远是璀璨的星辰。所以，千万不要觉得单枪匹马就能独步天下，更不要想着要一个人占尽资源。

算起来，这是一个互惠互利的过程——一个团体可以凭借众人的力量做大做强，而个人也可以因为一个厉害的团体释放自己更大的潜能。

3. 别人对你好，不要认为那是理所当然

别人没有义务对你好，

更不会无止境地给予你帮助。

你应该心怀感恩，

至少还有人不求回报地帮助你。

别人对你好，经常请你吃饭，并不是因为他们多有钱，或者有求于你，而是他珍惜这份情谊和缘分。这种感情不该被消耗，大家应该珍惜那些曾经助自己一臂之力的人。

父亲是个非常仁义的人，对所有人都愿意伸手帮忙。他对我说："每个人打拼都非常不容易，世事都很艰难，当你有能力帮助别人的时候，应该竭尽全力地去帮。"

我开始并不明白这个道理，但是长大后发现他说得很对。在这个世界上，人与人之间本来就该互相帮助，少点算计，多些感情和包容。

我还记得有个大学同学叫小洛。她是个特别善良的姑娘，家里很有钱，在大家对奢侈品还感到懵懂的年纪，她已经拥有了许多品牌的包包和香水。

也许你会觉得这样的女孩子是高傲的，对任何人与事都是不屑一顾的——那么你就错了。

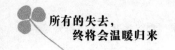
相处一段时间后，我发现小洛是所有同学中最细心的那个。

那个时候，她总是喜欢带好吃的给大家。只是，有那么一两个同学觉得小洛是在炫耀，有的时候总会恶语相加。

有一次，小洛带了一盒巧克力分给大家。小牧说了让所有人都无法理解的话："小洛，你以后别带这些了，我们真的消受不起。"

小洛很委屈地说："小牧，你到底是怎么了？难道我做错什么了吗？"小牧说了一句很刻薄的话："我觉得你太假了。如果你想炫耀自己的家庭条件好，那么很抱歉，我可不买账。"说完后，她头也不回地走了。

还有一次，小洛煮了一锅银耳汤跟大家分享。那天，小牧没有拒绝。

当所有人都舒了一口气时，小牧突然皱着眉头说："小洛，你这银耳怎么没有味道呢，冰糖放得不够吧？"

小洛尝了尝说："没有啊，我放了好几块冰糖呢，很甜的。"

突然，小牧将碗放了下来："哎，大小姐就是大小姐，也不能怪你不会做饭。"小洛只是简单地笑了笑说："小牧，谢谢你的建议，我以后会注意的。"

当时，我发现小洛是个情商非常高的女孩子，没有当面发火。

大学毕业后，有一次我遇到小牧。

小牧主动问我关于小洛的近况，这让我感到非常惊讶。她说："都是年轻不懂事。大学时期，我对小洛是一种嫉妒心理，看她什么都不爽。工作以后才知道，这个世界上没有谁有义务对一个人好。其实，小洛是真对我们好，她从来都没有想过要什么回报。"

小牧之所以会有这样的感慨，是因为在工作后再也没有遇到像小洛这样能够为周围人着想的人。她说："工作后，也碰到过很多家庭条件非常好的富家女，但是都没有像小洛那样好心。我当时错怪了她，真心想跟小洛说声对不起。"

接着她讲了一件让自己反思过来的事：有一年夏天很热，公司组织去漂流。我在玩水的时候，拖鞋被激流冲走了。当我走到岸边时，滚烫的鹅卵石烫得我的双脚非常痛。

我只好向大家寻求帮忙，可是每个人都只有一双拖鞋。

当时我心里很不愉快，因为我习惯了向别人求助，而平常只要撒撒娇就会得到满意的答复。然而，这次没有人帮助我，我觉得这些同事很不厚道，见死不救。

最终，有一个男同事将自己的拖鞋给了我，然后自己赤脚在晒得滚烫的鹅卵石上走了很久，还自嘲说是铁板烧。后来，男同事对我说："小牧，你要记住，没有谁是必须要帮你的。帮你是出于交情，不帮你是没有这个义务。所以，你不用怪他们。"

我突然想到了曾经的小洛，心里满是愧疚。

其实，小洛在毕业那年就去了澳大利亚，并且开始致力于公益事业。

之前，我问过小洛为什么在大学时期对所有人都那么好。小洛这样回答："也许你们都觉得我是在装，或者是希望得到什么。其实，我对大家没有任何需求，我只是觉得大家认识是一种缘分，而且同学之间不该是冷冰冰的，互相帮助才是真。不过，被误解是正常的，日后那些误会我的人都会明白的。"

我们应该心怀感恩，感谢那些曾经无条件对自己好的人，以及帮过自己的人。

有的时候习惯很可怕，当你习惯了某个人的好，习惯了某个人的

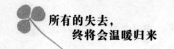
帮助，自此都会觉得理所当然，甚至会变得极端挑剔。当有一天，那个人不再对你好的时候，你还有可能埋怨他。

我们应该时刻保持一颗感恩的心，因为在这个世界上，真的没有人有义务对我们好。

4. 别让所谓的"朋友"伤害了自己

> 请离那些伤害自己的"朋友"远一些，
> 因为他们就如同生命中的毒瘤，
> 慢慢地会毁了自己的人生。

很多人都喜欢交朋友，认为那是人缘好的象征。

说实话，你最后会发现，正是这些所谓的"朋友"才是伤自己最深的人。他们不仅没有给你的生命带去阳光，反而在不断地将你拉向黑暗之中，让自己不断否定和怀疑自我，甚至对生活失去信心。

不要觉得这很夸张，这是真实存在的。

遇到这些人的时候，很多人会选择忍气吞声，觉得忍一时风平浪静，退一步海阔天空。然而，这种委曲求全是不可取的，甚至会引发连带恶果的。

曾经，艾米和沙沙的关系非常好，可以用形影不离来形容。上中学后，两个人去了不同的班级，也慢慢减少了联系。不过，每次到了

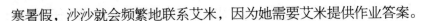

寒暑假，沙沙就会频繁地联系艾米，因为她需要艾米提供作业答案。

艾米并不喜欢这样的关系，甚至会反感。不过，由于她天生内向，朋友很少，所以一直忍受着沙沙的行为。

寒暑假一结束，她们两个又成了陌路人。

那个时候艾米还很小，觉得有沙沙这样的朋友非常知足。不过，随着年纪的增长，她开始发现沙沙其实并没有将她当作朋友，甚至只是在利用她罢了。其实，朋友间互相交流作业是很正常的事情，但艾米觉得沙沙不应该这样坐享其成——直接抄自己的答案。

有一次，艾米清楚地记得，沙沙对她说："艾米，你应该多交些朋友，最好家里有些关系的，这样对你的未来有帮助。"

当时艾米整个人都愣住了，没有说话。那个时候她们才上高二。

上大学后，沙沙对艾米依旧如此，利用艾米的善良和软弱，让她帮自己找资料、写作业。终于，艾米受不了了，她问沙沙："沙沙，你到底有没有把我当朋友？这么多年，我们都是这种状态，你有事才来找我，平时也不跟我谈心，或者出去玩，我在你眼中到底算什么？"

沙沙盯着艾米，惊讶地说："米米，你怎么了？我一直把你当好朋友呀，平时大家都忙，没有空联系的。你想，我们虽然在一座城市，但是在不同的学校，加上课业繁重，未来就业压力大，哪有那么多时间一起逛街看电影呢？"

那一刻，艾米的心是凉的，终于明白了多年来自己的懦弱。

过了一段时间，艾米将沙沙的联系方式删了，于是两个人就这样断了往来。

不过，后来艾米从别人的口中知道，沙沙说艾米背叛了她，所以才不再联系的。艾米只能苦笑着想：终于，她露出了真面目。

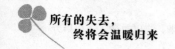
　　有句话说："离你最近的人，往往对你危害最大；你最信任的人，往往伤害你最深。"沙沙对于艾米来说就是这样，不断挑战着艾米的心理极限，消耗着她对友情的信任和忠诚。

　　很多人都是这样，在交往的过程中不断退让，甚至被伤害，但依旧忍受着这样的关系。

　　选择朋友是一个技术活，什么样的朋友可以交，什么样的朋友该远离，都会影响我们的人生——

　　很多人表面上称兄道弟、形如闺密、推杯换盏，无话不说，但是在涉及自身利益时，却会在背后用力地捅你一刀，给你带去最大的痛苦。还有很多人利用你的善良，不仅欺骗了你的感情，还骗了你的钱财。这都是非常恶劣的行为。

　　朋友之间借钱是很正常的事情，但应该有借有还，才能再借不难。

　　大学时，有个女同学和大家的关系很好，但她总是喜欢跟周围的同学借钱，小额不会还，大额一拖再拖。

　　工作后的某一天，她在同学群里伤心地告诉大家："我妈妈生了病，现在急需用钱。我们家已经把所有的积蓄花完了，现在希望大家能够帮帮忙，过一阵等我宽裕了，一定会还给大家的。"

　　同学们都对这个女同学的遭遇非常同情，纷纷为其筹钱，最后筹得了几万块。

　　然而，生活就像是一部反转剧。

　　不知道听谁讲，这个女同学晒出了和家人出国旅行的照片。后来，我们才知道，她的母亲没有生病……不过，那个时候，大家已经联系不到她了。

　　那一刻，所有人的内心都是崩溃的，原来这就是所谓的朋友。

很多时候，我们只有被骗过才懂得一些道理。有些朋友的人品可以从某些小事中看出来，但有些隐藏得很深，让人无法琢磨。

在交友的时候，请不要只看到对方的表面，就将心都托付出去。当然，也不要看一些人表面很冷漠就觉得不好相处——有些冷漠的人，是会在你遇难的时候雪中送炭，救你于危难之际的。

无论如何，请不要被那些所谓的"朋友"伤害自己，破坏了自己的人生。

5. 应该珍惜那些为我们点赞的人

你不必去怀疑点赞人的态度，
更不必去质疑他们的意图。
既然他们愿意花费点赞的时间，
那么这就值得你去珍惜。

很多时候，我们会发现自己朋友很多，但是在朋友圈一直为自己点赞的总是那几个。事情很简单：并不是你发的东西有多好，而是你在他们心中有着不可替代的地位。

你以为所有人都闲着没事专门为你点赞吗？只是在他们看来，你的一言一行在他们心中是有分量的——他们为你点赞，是因为他们心里有你。

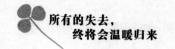
　　他们不评论，只是默默地点了一个赞，或是充满希望的、鼓励的，抑或是感同身受的。也许就因为几个朋友的点赞，你心中的乌云一下子就消失了。

　　话说回来，点赞很容易，一秒内就可以解决，但要看对方愿不愿意。正如那句话："别人尊重你，并不是你多厉害，而是他有修养。"

　　也许你的朋友圈中有很多人，但是无论你发多少消息，他们都无动于衷。然而，过了一段时间，有些人就会突然跳出来找你帮忙。

　　其实，我们都深谙某些潜规则，只是不想戳穿罢了。真真假假，假假真真，都已经不那么重要了，因为在乎我们的人早已留了下来。

　　微信朋友圈和QQ、微博不一样，别人无法看到你所有的评论。但在某种程度上，微信朋友圈更加自由，没有一定的道德束缚和压力。很多时候，你能够真正发现谁才是最在乎你的人。

　　加了微信后，我慢慢发现，无论谁发状态——或喜或怒，紫籽都会去为他们点赞。

　　有的人就会说紫籽是"点赞党"，紫籽是这样说的："我只是为那些我在乎的人点赞，我知道他们需要这个'赞'，也许他们正处于困顿时期。尽管这个'赞'很微不足道，但起码能够在那个时候给予他们鼓励。"

　　那段时间，紫籽的朋友小港由于工作问题心情一直很低落，总是在朋友圈里发一些励志的话。每次，紫籽都会去静静地点一个"赞"，以表鼓励。

　　一个月后的某一天，小港给紫籽寄去了一盒礼物，并且附赠了一段话：

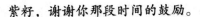

紫籽，谢谢你那段时间的鼓励。

你也许不知道，那天我因为同事的排挤被老板炒了鱿鱼，心情非常低落。我不敢告诉家里我失去了这份待遇不错的工作，后来，女朋友也非常不理解我，提出了分手。

真的，面对这些突如其来的事，我不知道该跟谁说，我只能在微信上发表自己的心情，希望能有人来安慰我。

只是，那些心情在别人看来无关痛痒，没有一个人回复我，只有你每天都会默默地给我点赞，这给我带来了极大的鼓励。之后，我重拾希望和信心，找到了另一份非常好的工作。谢谢你，紫籽！

小港

当紫籽看到小港这段话的时候有些惊讶，接着又非常欣慰，因为自己几秒钟的举动帮助小港走出了阴霾。

美国加州州立大学的心理学教授 Larry Rosen 在《点赞的力量：我们喜欢被关注》一文中写道："每天数小时沉溺在 Facebook 等社交网站上的年轻人，数次'小啜'式地与人沟通，就像喝水一样，虽然一小口水不能满足你，次数多了，饥渴仍然会得到缓解。"

有时候，点赞的意义类似于论坛时代的"冒泡"，人们以留下足迹的方式证明自己的存在；有时候，点赞是非常巧妙的社交策略，它是分寸拿捏得恰到好处的关心，人们可以藉此向上司、同事、家人传递某些信息。

有时候，点赞几乎没有实质意义，它只是在告诉对方——虽然我们很久都没联系，但我一直都在关注着你；还有的时候，点赞表示对他人默默地关心和祝福，这给那些不善表达的人带去了机会。

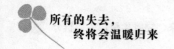

无论点赞者的真实意图如何，收集"赞"都是很多人乐此不疲的一件事。

不少热衷于晒旅游、美食和各种社交活动照片的人，传完照片后每隔几分钟都会看看手机，数数自己收获了多少个"赞"，最在乎的那几个人有没有留下"已看"的痕迹。

的确，一个小小的举动，会给我们的生活带去诸多温暖。

朋友，你不必去怀疑点赞人的态度，更不必去质疑他们的意图，既然他们愿意花费点赞的时间，那么这就值得你去珍惜。

多年后，你会发现一件事：一路走来，正是这些"点赞党"给你灰暗的人生带去了光亮和希望。

6. 人生从来不是活给别人看的

生活是自己的，

与他人无关。

人生的道路漫长而艰辛，

你过得好不好，

和别人有什么关系呢？

真正忙碌的人根本没有时间去发朋友圈，真正好的感情也不需要去秀出来。生活本来就是自己的，和他人无关。

有些人之所以告诉大家自己的生活，就是希望能够得到关注——但他们忘了一件事，自己过得好不好，和别人有什么关系呢？

之前，一位来自澳大利亚昆士兰的 19 岁女模特决定关闭自己的 Instagram（社交聊天软件）。

她 12 岁的时候便踏上了模特之路，并且在 Ins 上拥有 57 万粉丝。她在退出视频中谈道，自己为了塑造社交网络中的形象，让自己的生活变得多么糟糕。

她揭秘自己贴出来的那些看似很美的照片背后所花费的时间和精力：为了拍摄效果，她画着大浓妆，穿着紧身衣，佩戴各种笨重的珠宝。为了一张照片要反复拍摄五十多次，之后通过不同的 APP，耗费很长的时间去 P 一张受到认可的图。

她觉得 19 岁的自己太过注重身材而忽略了其他更美且真实的事情，比如写作、探索、旅游。她现在很讨厌在这些毫无价值的东西上找到某种存在感。

女模特的控诉引起了众多网友的共鸣，也得到了大家的支持。

尽管这件事后来被认为是一场炒作，但还是让我们对社交网络有了一定的反思。

尽管这位女模特的诉说也许会有添油加醋、过分夸大事实的成分，不过她确实揭示了人性中的某些弱点——太过看重别人在自己生命中的参与，以及他人的眼光与评论。

你可以传那些美丽的照片，也可以发表自己的心情，但如果为了一张照片耗费了很多时间和精力，仅仅为了得到众人的点赞或欣羡，那么你就已经将他人放在了至关重要的位置。过后，你会发现生活中一切美好的事情都变了味。

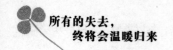
当你发现自己去旅行、健身、吃饭、听演唱会仅仅是为了在朋友圈里发一张图片时，你将再也无法体会到这些事物带来的纯粹快乐。取而代之的是，你必须绞尽脑汁地去想一堆与照片相匹配的文字，然后再绞尽脑汁地去回复各种朋友的评论。

在网络时代，很多人的生活背上了一个沉重的包袱。他们渴求对方能了解自己，于是会在好友圈里发上许多关于自己的生活照片，配上许多对生活的感悟。

你热切地期盼自己能参与到别人的生活中去，扩大自己的交际圈，然而这种做法只会适得其反——也许，有的时候你发的内容并不受大家的喜欢，相反会遭来别人的嫉恨或憎恶。

在没有社交网络之前，我们同样会被周围人的眼光与评价所困扰。从小，我们似乎就成为父母之间攀比的工具，久而久之也习惯了这种比较。后来，也渐渐在乎自己在同学、老师眼中的印象。

再后来，我们会越来越受到这种眼光的制约，慢慢成了笼中鸟。我们的人生似乎就是为了他人而活，所做的一切也都是为了给他人看。

有一个在别人眼中是大神级别的人物，颜值高，能力超群，任何事情都能做到极致和完美。他考上名校，跟着导师搞科研，发了 SSCI（社会科学引文索引），一路遥遥领先，被身边的同龄人羡慕着，一直是家长口中炫耀的资本。

然而，有一段时间他竟然得了抑郁症。

那天，他对心理医生道出了自己的痛苦："我现在非常迷茫，心理压力非常大。我一直不知道自己在干什么，因为一路走过来，我想的都是怎么比别人更好，到了如今，我发现根本不知道自己想要什么。

"我一直努力比身边的人更优秀，可是猛然一抬头发现，我对自己所在的领域根本谈不上喜欢啊，所以我现在对人生充满了困惑。

"我还是一个竞争心很强的人，尽管知道这世界上有很多人比我厉害，但如果那个人就在我身边，我就会很不舒服，想着一定要超过他才行。"

一直以来，他都以"比别人更好"作为目标，一路快马加鞭，靠超过别人来获得优越感。突然有一天，他发现，他走的路或许是别人艳羡的，但根本不是他想要的。

很多人都非常看重自己在别人生命中的参与，太注重自己在他人眼中的形象。其实，你的身边只要有两三个真心实意的伙伴，既能陪你度过生命中的严寒酷暑，又能和你享受人生中的繁华绚烂，那就足够了。

人的一生很短，况且心的空间也只有那么大，谁对你真，谁对你假，你完全可以感受到。所以，你又何必和所有人都亲密无间？又何必将所有人都请进你的生命中呢？

常言道：锦上添花人人有，雪中送炭世上无。人生的意义并不在于获取，而是在经历后懂得放下与舍弃。

当你开始放下别人的眼光时，你的人生会更加精彩。

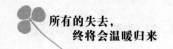

7. 在网络时代，选择一场逃离

> 曾经，我们还没有身处社交网络，
>
> 曾经，我们还没有被信息垃圾包围，
>
> 曾经，我们活得洒脱、真实……
>
> 姑娘，愿你在这个网络时代，
>
> 选择一场逃离，
>
> 哪怕只有一天。

不知道有多少人每天睡前的最后一件事是看看手机，清晨醒来的第一件事也是打开手机浏览一番。

渐渐地，手机成了陪伴你走过生命中孤寂时光的必备，同样也成了腐蚀你生活的慢性毒品。

亲爱的朋友，当你在这虚拟的世界里寻求着存在和愉悦时，却失掉了身边触手可及的幸福，拉远了自己与身边人的距离。

在餐厅里，我们总能看到几对这样的情侣，神情淡漠地相对而坐，面前摆放着两杯还留有一丝温热的咖啡。他们的指尖在手机屏幕上飞快地滑动——玩着游戏，或者与虚拟空间的另一个人谈笑风生。

这个时候，你也许会觉得他们根本不像人生伴侣，而是彼此生命中的匆匆过客，或只是在路上碰巧遇见的朋友而已。

又或许，你和闺密们约好了一起吃饭、逛街、看电影，然后大家开始将今天吃的美食、买的衣服以及电影票根统统拍下来晒进了朋友圈。接下来，你们坐在一起，开始纷纷为对方点赞，接着是回复各自朋友的留言。

这个时候，你也许会有一丝怀疑：眼前的这些姑娘还是自己的闺密吗？她们仿佛生活在他处，更喜欢和另一个时空的人聊天，而不是眼前真实的你。

不知你是否还记得除夕那天晚上，当父母为你准备了一桌年夜饭时，当一家人坐在电视机前时，当他们期盼着听你讲述这一年的酸甜苦辣时，你却低头在微信圈里和朋友们吐着槽，或者盯着手机屏幕，在时刻等待着抢红包。

这个时候，你是否会看到父母欲说还休的表情？他们以为你在忙着什么重要的事，而你只是将时间花在了这个虚拟的世界，享受着那种看似真实的狂欢。

我们每天都会接收到大量的信息碎片，可我们并不知道该如何筛选这些碎片。你习惯性地每天去打开朋友圈，用指尖刷着别人的世界，观望着别人的生活。

你习惯性地每天去刷微博，刷着时刻更新的热门话题，看着各种不知真假的文章，还沾沾自喜地认为在吸收知识。

你习惯性地每天去逛逛淘宝，看着电商们的限时抢购活动，将一堆不需要的商品收入购物车，然后心满意足地点击付款。

你习惯性地和 QQ 上的好友有的没的聊上几句，一天也就这么过去了。

社交网络的确拉近了人们的距离，让我们对远方朋友的思念和牵

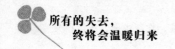
挂从焦虑地等待书信变成了一秒内的点赞、评论或转发。可是，这种快捷方式也让朋友间再也无法体会到那种为了相聚而跋山涉水的幸福与期待。

曾经，如果你们不通过书信联系、不经常见面，那么消失是一件非常容易的事情。然而，社交网络让我们紧密联系朋友的同时，也让我们失去了很多朋友。后来，当你想找个人说心里话的时候，你才发现在 QQ 和微信圈的一长串好友名单中，竟然找不到一个人。

有时我的确很喜欢老一辈的生活方式：他们不知道什么是朋友圈，也用不着去筛选各种各样被复制粘贴的文化垃圾。他们不懂在网上买书，所以会去书店待上一天，静静地选择几本读物，感受那种纸质书的厚重感。

我还记得小时候，看书是一件非常容易的事。因为没有各种信息的干扰，所以会静下心去看一整天书，之后会将体会记录下来。

如今，捧着纸质书入睡成了一件多么浪漫却又奢侈的事，我们再也无法找到这种安宁而踏实的感觉。

现在，各种实体商店的关门是一件非常可怕的事情，我们再也无法体会到商店里去试穿各种衣服与鞋子的快乐，我们更少了那种和家人出门大采购后满载而归的幸福感。

渐渐地，我们习惯性地从熟悉的快递小哥手中拿到某件商品，满怀期待地打开，最后失落地将它扔到一边或者退还回去。

如果有一天，当你看着萧条、落寞的商业街时，会不会对曾经的繁华有一丝怀念？在那些街头小巷，到处都留下了你和家人、你和朋友的回忆与足迹，那些流淌于岁月里的点滴，都是你生命中永远的珍藏与美好。

卢梭在《瓦尔登湖》中对生活有着这样的感悟："我愿意深深地扎入生活，吮尽生活的骨髓，过得扎实，简单，把一切不属于生活的内容剔除得干净利落，把生活逼到绝处，简化成最基本的形式，简单，简单，再简单。"

百年后的今天，当我们再回味这句话的时候，是否有一丝触动？现在，我们正渐渐远离那种踏实感，取而代之的是大量的网络垃圾带来的精神麻醉。

在这个时代，社交网络的兴起与繁荣必将推动人类文明的进程，并且将给我们的生活带去天翻地覆的改变，但千万不要让朋友圈、微博、淘宝、QQ 成为你生活的全部，而这也不是社交网络的初衷。

朋友，愿你在这个网络时代能够选择一场逃离，哪怕只有一天。那个时候，你将体会到真切且踏实的存在感。

8. 有群居的能力，也有独处的可能

群居是适应社会的一种能力，
而独处则是面对内心的一种可能。

绝大多数人只有在群居的时候才不会感到孤独。

不过，我们应该明白，除了人群之外，我们更应该有一个属于自己的空间去独处。在没有人干扰的情况下，我们才能彻底沉下心来，

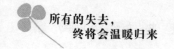
静静地去感受生活的真谛——不用考虑其他人与事，只需要面对自己的内心即可。

朱自清先生在《荷塘月色》中这样写道："我爱热闹，也爱冷静；爱群居，也爱独处。像今晚上，一个人在这苍茫的月下，什么都可以想，什么都可以不想，便觉是个自由的人。白天里一定要做的事，一定要说的话，现在都可不理。这是独处的妙处，我且受用这无边的荷香月色好了。"

是的，独处可以暂时让我们将生活中的一切都抛之脑后，安静地去感受什么是生活。也许你很奇怪，难道自己活了那么久，都不懂什么是生活吗？

其实，你真的该静下来，好好地问一问自己："到底什么才是生活？""难道忙忙碌碌、永不停歇就是生活吗？"说实话，也许你生活了二十多年，依旧不明白什么叫生活。

在我看来，生活就是能够真诚地面对自己的内心，并且尊重内心的声音和选择。然而，在如今嘈杂的世界，我们都已经忘了自己到底想要什么了。所以，我们应该在忙碌的生活中抽出一些时间来面对自己的内心。

群居是适应社会的一种能力，而独处则是面对内心的一种可能。

伍尔芙在《一间自己的房间》中写道："一个女人如果打算写小说的话，那她一定要有钱，还要有一间自己的房间。"

因为写作是一件没有保障的事，所以伍尔芙强调了钱的重要性。其次，当我们有了一间属于自己的房间时，也就有了独处的可能。写作必须要有一个独立空间，这样才有利于我们更好地去思考。

这么多年来，在群居之余，我已经习惯了独处的生活。

码字的人都有一种体会，每天必须有属于自己的时间和空间，这样才能沉下心思考，高效创作。独处的时候，我会按照自己的方式去写作，不会受到某种规约，更不会将自己局限于某种时空内。

其实，作为一个写作者，脑洞大开、天马行空是基本条件。

还记得那次，我走在路上想一个剧本情节，想着想着就走到学校的大榕树旁坐下了。清风拂面，周围安静极了，像是这世间只有我一个人。我的眼前开始出现了大量的画面，人物之间开始对话，剧情开始反转，一切都开始沸腾起来。

是的，那是一种表面平静、内心波涛汹涌的时刻。说实话，写作的人都会因为独处而收获很多东西。

之前，我认识的一个导演朋友叫Jason，他有一个非常奇葩的爱好，就是一定要在午夜时分外出散步。

对于这样的癖好，Jason是这样解释的："你知道吗？我每天都需要和很多人打交道，告诉大家我的想法。讨论的方式是非常好的，能够碰撞出更多火花，能够分享每个人的经验。不过，这是一种消耗，对于分享者的一种消耗。因此，我必须通过另一种方式来补给这种消耗，那就是独处。在午夜时分，我能彻底将自己安静下来，然后去回顾今天一天的工作。"

一开始，Jason的女朋友非常不理解他，觉得自己受到了冷落，认为Jason根本不爱自己。

不过，在Jason拍出越来越多的优秀影片后，女友开始转变了态度。她慢慢发现，Jason每次在午夜散步结束后都能想出许多非常棒的点子，整个人都会处于亢奋的状态。正是如此，女友不再责怪Jason的这一癖好，甚至会支持他去散步。

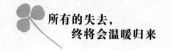
其实，Jason 的女友是一位非常有天赋的摄影师，与 Jason 合作过很多作品。也许是对艺术的共同追求，她越来越能够包容他。后来，他们两个人达成了一个协议：在午夜时分，双方留给对方一个小时的时间去独处。

久而久之，他们的生活就多了这一独处的事项。也正是由于每天独处的这一小时，两个人创作出了许多有影响力的作品。

大多数年轻人都喜欢和朋友们聚在一起，喜欢热闹，但是无法忍受片刻的独处时光，因为害怕孤独。的确，独处的时候没有人说话，此刻是你直接面对内心的时候。这个时候，你会发现世界都是寂静的，甚至有一种可怕的感觉。

当我们的内心越是空虚的时候，我们就越是害怕独处，因为感觉像是被世界抛弃了一样。不过，当你内心丰盛，不被外界烦忧的时候，独处对你来说是一件非常好的事情。

亲爱的朋友，活着并不仅仅要有群居的能力，更要有独处的可能。叔本华曾经说："没有相当程度的孤独是不可能有内心的平和的。"

我们需要独处，因为内心总要有某件东西去填补，才不至于变得虚空和荒芜。

第八章

原来，此生就是一部漫长再漫长的电影

我们这一生，似乎就在上演一部电影，

我们总希望一帆风顺、稳行高处。

然而，剧情总是跌宕起伏、时刻反转，

不发生几场变故和转折，怎么还好意思称为人生？

原来，此生就是一部漫长再漫长的电影。

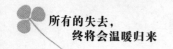

1. 出发，任何时候都不晚

你瞻前顾后，因为害怕失败。

你迟疑不定，因为担心太晚。

就这样，

时间被消耗在无关紧要的忧虑中，

一生便也过去了。

曾经，我们有多少美丽的梦想都散落在现实的慌乱不安中；曾经，我们立志时的信誓旦旦，最终却因胆怯成了言而无信；曾经，我们本触手可及的梦想，终究还是因为犹豫成了遥不可及的空想。

叶芝在《凯尔特的薄暮》中说："奈何一个人随着年龄增长，梦想便不复轻盈；他开始用双手掂量生活，更看重果实而非花朵。"我们不是做不到，而是害怕太晚出发，害怕追不上同伴的脚步，害怕一辈子在平庸中度过，害怕被如潮的人海淹没。

如果，一个人因为年龄而放弃了该有的人生，那真的是遗憾且可悲的。

我还记得大学时期有位女老师，大概三十岁出头，治学严谨。我们都叫她丽丽老师。

她说自己大专毕业后就一直留在农村教书，六年后她开始寻求改

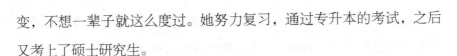

变，不想一辈子就这么度过。她努力复习，通过专升本的考试，之后又考上了硕士研究生。

当然，这并不是结束，而是开始。因为她严谨、踏实的治学态度，以及自身在专业领域颇深的造诣，她又通过了博士生考试，直至后来留在大学里任教。

她说，那个时候周围的人都反对她再读书，觉得女孩子要那么高的学历没有什么用——最后忙活了半天还是做着平凡的工作，拿着普普通通的工资，还得结婚生子。

她没有理会这些，只是抛开一切孤军奋战。在教学时期，她一直鼓励我们要多读书、多努力，不要将大学的时光虚度，更不要相信什么"读书无用论"，因为读书可以为你的人生带去更多转变。

朋友，如果你的家境普通，没有什么背景，拼不了爹；朋友，如果你的相貌平平，遇不到贵人，更没有机遇；朋友，如果你身边没有一个对你死心塌地的伴侣，能替你撑起一片天……那么，请脚踏实地地去努力、去拼搏，唯有这样才能改变自己的命运——在这个世界上，无论何时出发，只要你愿意，最终都能抵达你想要去的地方。

《财富》发布的 2015 年"中国最具影响力的 25 位商界女性"排行榜中，老干妈风味食品有限责任公司董事长陶华碧排名第 22 位。谈到陶华碧这个名字，也许很多人还比较生疏，但提到"老干妈"时，你肯定会恍然大悟："原来是她。"

在中国人的餐桌上，老干妈辣椒酱是佐餐的必备。不过，你肯定不知道 42 岁还在卖凉粉和冷面的陶华碧，49 岁才决定重新开始自己的人生。朋友，当看到陶华碧的经历后，你一定不会再用年纪来作为自己忧虑的理由。

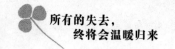

　　1947 年，陶华碧出生在贵州的一个偏远山村，没有上过一天学，只会写自己的名字。1989 年，陶华碧用自己省吃俭用的一点钱，加上四处捡来的砖头在街边搭了个棚子，取名叫"实惠餐厅"，专门卖凉粉和冷面。

　　在这段时间，她制作了拌凉粉用的辣椒酱，没想到生意越来越红火。因此，她看准了辣椒酱的商机。经过几年的尝试，她的辣椒酱风味越发独特。

　　在 1996 年，陶华碧办起了辣椒酱加工厂，那个时候她 49 岁。经过多年的努力，老干妈辣椒酱已经风靡全国，远销海外。在美国，奢侈品电商 Gilt 甚至把老干妈奉为尊贵调味品。

　　试想一下，在绝大部分女人退休的年纪，陶华碧重新开始了自己的人生；在所有女人担心年华老去的迟暮年纪，陶华碧重新燃起了生活的斗志。

　　她不怕苦与累，亲力亲为地去成就了自己的辣椒酱王国——她亲自切辣椒、捣辣椒，以至于眼睛被辣得流泪不止，十个指甲被钙化。

　　当老干妈出名了，做大了，她的公司不融资、不上市、不做广告、不炒作，就凭着自己产品的实力独行天下。年近 50 岁开始创业，而今 68 岁的陶华碧，身价几十个亿。

　　在无数孤独打拼的日子里，老干妈辣椒酱成了多少人独自吃饭时的必备。不知道有多少人，无论身处何地，都会去当地超市的调味品区去寻找老干妈的身影。

　　当你看着瓶子上陶华碧年轻时的照片，朴实、真诚，眼中透着一丝坚毅，以及对生活的不屈服，这个时候的你就能体会到这个女人到底有多强大——尽管她年近 50 岁才开始创业，但她没有畏惧，也没有恐慌，只是铆足了劲一直向前冲。

朋友，不知道你对年龄有怎样的看法，不过，还是请你淡化年龄和时间的概念，因为这根本不是阻止你前进的理由。

亲爱的，你总是瞻前顾后，无非就是害怕失败；你总是迟疑不定，无非就是担心太晚；你总是焦虑，无非就是恐惧别人的眼光，恐惧被人否定，惧怕此生成为最平凡的人——就这样，时间被消耗在一切无关紧要的忧虑中，一生便也过去了。

2. 人生没有白走的路

人生没有白走的路，
更没有白白消耗的时光。
那些印迹，
终究会温暖我们未来的路。

默默地作别逝水，因为我们永远都无法握住昨日的阳明。在如风的岁月里，那些人和事都慢慢离我们远去。后来我在想，那些走过的路，或是悲伤的、喜悦的，或是激烈的、平和的，在人生中到底是怎样的存在。

慢慢发现，人生没有白走的路，更没有白白消耗的时光。那些印迹，终究会温暖我们未来的道路。

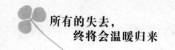

有生之年，狭路相逢，是彼此的福分。愿日后的你我，生活无忧、悲喜从容。物与物，终有一瞥。人与人，终有一别。

的确，一路走来，我们一直都在告别。原来，在每一个地方，我们都留下了清晰的记忆与言说方式。

很多时候，我们都会遗憾那些走过的弯路——其实，那都是人生的必经之路。

琪琪是一家企业的高管，今年已经 40 岁了，还没有结婚。她也想过早些结婚生子，但每次遇到合适的男士都因为工作调动原因错过了。如今，她孑然一身，只好养了一只猫和一只狗相伴。

每当琪琪看着身边的朋友都带着家人聚会时，心里就有一种失落感。这时，很多人都会在背后议论纷纷，认为她太要强、太注重事业了，错过了那么多好男人。

然而，琪琪并不介意大家的眼光，她是这么说的："说实话，我并没有什么遗憾，尽管没有结婚生子，但是我的人生也更加丰富了。如果美好的事物终究会消逝，那就让它们慢慢离开吧——没有纠缠，也就没有离别，一切都可成风。"

她去了很多国家，看了许多风景，对于既定的模式已经看淡。

琪琪说："其实，没有谁的人生是一帆风顺的，都需要在这不安的岁月里摸爬滚打。最好的告别方式是悄无声息的，不会太热烈，也不会太悲伤，因为我们相信未来还有相见的机会。我并不觉得有什么遗憾，也不认为自己走了那些所谓的弯路。"

我清晰记得《山河故人》中的那段话："每个人都会陪你走一段，今后的路会有另一个人陪你走。"就算这样，那些人都真切存在过，无论好与坏都已经不重要——他们是你人生的见证者，而非过客。

一座城市，或许是路过，或许是怀念，或许是铭记，或许是遗忘，又或许是找寻。无论以哪种方式开场，又以哪种方式终结，都将成为生命中不可或缺的组成部分，而我们的人生将因此而丰盛。

很多人觉得"告别"意味着失去，"再见"意味着再也不见、永远错失。其实，它们早已丰富了我们的人生，而我们的每一步都留下了它们的印迹。

每一座城市，每一个人，都有他们自己的故事——悲伤的、怅然若失的。不过，我们应该明白，人生因此而完整。

在李宗盛大哥的《致匠心》中，他这样写道："人生没有白走的路，每一步都算数。"的确，如果没有那些年的漂泊、挣扎和苦闷，他怎会成就后来那些耳熟能详的歌曲？

从东京的《漂洋过海来看你》《领悟》到温哥华的《十二楼》《伤痕》，从香港的《伤心地铁》《我是真的爱你》到吉隆坡的《爱如潮水》《鬼迷心窍》，之后再回归台北……这些步伐与城市，彼此相连，心意相通。他的每首歌都留下了那座城市的情绪。

很多时候，漂泊的人总在疑惑："为何要漂泊？这样的折腾到底有什么意义？"

其实，每一次质疑都是重塑与新生，会让我们评估生命的价值与意义。在人生的每一个阶段，行走的每一段路，我们都会产生新的认知，心性会变得更加开阔。

所以，我们所踏的道路，所打的照面，都不该是终结，而是开始。

生命之中有很多不可诉说之事，都被悄悄地掩埋在了旅途之中。

生是可喜之事，寂静欢喜便是对其最大的敬意。年华都有老去的一日，而不朽的是内心的从容以对与浅笑安然。记忆中，那座城市的

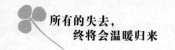
羊肠小道依旧清晰可见，伴着老年人的笑声与歌唱，慢慢在岁月中留下最深刻的痕迹。

后来，我们慢慢明白，人生中没有白走的路，更没有白白消耗的时光。所以，在最清澈的年华里，一定要慢慢体会和经历。

希望你我在暮年回顾往昔时光时，不留一丝遗憾。那些印迹都将连成完整的音符，可以谱曲，亦可成章。

3. 不要忘记自己曾为何出发

不忘初心，方得始终。

心静如水，终能抵达。

20世纪著名诗人纪伯伦说："我们已经走得太远，以至于我们忘记了为什么而出发。"这句话道出了人生的意义，也道尽了人性中的某些弱点。

我们一直都在努力：在社会上我们努力拼搏，在家庭中我们努力做个好儿女、好伴侣、好父母……

如此多的身份总会让我们产生某种困惑：我们到底是谁？我们到底为什么这么努力？人生的意义究竟是什么？

其实，这一系列问题的答案很简单，我们终究是为了生活。

不忘初心，方得始终。在生命的旅程中，我们只有不忘记出发时

的信念，最终才能抵达幸福的彼岸。

2015 年 9 月 12 日，李健在自己的北京演唱会上正式向所有人介绍了默默守护他十年的妻子——小贝壳。这个他口中的小贝壳叫孟小蓓，是一位美丽与智慧并存的女人。

在李健十岁的时候，他第一次遇见五岁的小贝壳。李健的爸爸说小贝壳长得像俄罗斯姑娘，这就让李健记住了她。后来，小贝壳紧跟着李健的脚步上了清华，一度念到了博士学位。

李健说，他的歌曲《传奇》中就有妻子的身影，那是生命中的一种际遇。

到底是什么样的女子能让李健如此默默守护呢？

孟小蓓从来没有在公众的视线中出现过，人们仅凭她微博上的只言片语去了解她。人们说她把生活过成了一首诗，将所有的琐碎编织成美好，将所有的平淡书写成丰富——她的微博纯净而富有哲思，上面记录着生活中的点滴，动人而不张扬。

孟小蓓说，诗歌是对梦想的守护。她的生活中处处充满了诗意，喜欢用各种"先生"称呼李健。

她可以将平淡的浇花时光演绎成浪漫的爱情故事——她在小园中浇水，昨晚回来的"出差先生"隔着纱窗对她说："与你在一起的日子才叫时光，否则只是时钟无意的游摆。"

她可以将喝咖啡的时光变得温馨而甜蜜——她说："'咖啡'先生精心做了一杯极好的浓缩，我就挑了黑松露巧克力搭配。"

结婚数年，孟小蓓依旧保持着那颗少女心。

孟小蓓爱摄影，懂茶艺，擅烹饪，热爱生命中的一切美好。她可以将草木入画，将花鸟入诗，将音符视作生命中的福音，将写作看成

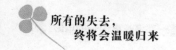
生活中无法预知的探险。她就这样一直在寻求心境的清明。

孟小蓓低调而温婉，和李健一样对名利有着清醒的认识。当越来越多的人通过微博发现她的时候，她便不再更新微博。她深刻地认识到，只有淡出大家的视线，才不会引来非议，才能守住这份恬淡的生活。

在孟小蓓和李健看来，一切外在的东西最终都只是为了生活而已。他们用最初的纯粹去书写着生命的篇章，没有华丽的辞藻，也没有扣人心弦的情节，只是一首抵达灵魂彼岸的诗篇而已。

曾经，我们不知有多少美丽的梦想都在生活的琐碎中慢慢被消磨殆尽。不知你是否还记得儿时曾经梦想成为一名画家，却因为无法忍受生活的困顿而放弃了；不知你是否记得曾经信誓旦旦地说自己要写一部小说，最后因为无法沉下心耐住长久的寂寞便戛然而止了。

我们努力打拼，承担着一切，却在这条路上越走越远。我们看着镜子中的自己而恐慌，30 岁、40 岁、50 岁……脸上的皱纹让我们开始害怕岁月的侵蚀，更让我们在岁月中忘记了曾经是为了什么而出发。

我有位好友叫墨染，是一位园艺设计师，有自己的工作室。在他设计事业最巅峰的时候，他却关闭了工作室，决定去乡间居住一段时间。

当时，大家都认为他疯了，都觉得他不该错过事业的上升期。后来，他在给我的邮件中谈了自己的想法：

古茗：

你好！虽然大家都不理解我的做法，但我自己有着清醒的认识。

那时候，我几乎每天都在接单，每天都为了画图忙到深夜，每天都有忙不完的应酬。

我会为了多赚一笔钱而去做我不喜欢的设计，那些都违背了我最初的设计理念。我的理念是简约、创意，可那些客户的要求是华丽、繁复、入俗、迎合大众。

　　我每天都为了这些事情而忙得焦头烂额，甚至忘记了我这么忙碌是为了什么。

　　我没有时间陪伴家人，没有时间去享受生活，更没有时间去品尝一杯咖啡。我发现自己被卷进了一个永无止境的旋涡之中，无法停止。

　　做设计也有七八年的时间了，我似乎在生活的大染缸中慢慢失去了自我，甚至忘了自己当初为何要坚持做一名园艺设计师。

　　我现在只是想给自己放一个长假，回归生活的常态，找回最初的自己。我知道只有这样，才不会偏离生活的轨道。

　　祝好。

墨染

　　这封邮件我一直保留着，像是他对这个世界的一个宣言：他没有变。我一直期待着他的重生。

　　过了半年后，墨染回来了。他开始不再注重订单量，也不在乎金额的多少，而是更加关注设计的理念与产品的灵魂。后来，他因为独特的设计理念而受到了设计界广泛的关注，也因此赢得了许多奖项。

　　当媒体采访他有何获奖感言时，他只是淡淡地说道："我只是一直在坚持着最初的自己罢了。"

　　其实，在这个世界上最难做的就是自己。亲爱的朋友，请记住：在浮华俗世之中，唯有心境清明、不忘初心，方能抵达梦的彼岸。

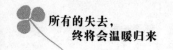
4. 你所失去的美好，终将以温暖的方式归来

> 苦难对于人生来说，
>
> 并不是剥夺你生命中的一切美好，
>
> 而是当你失去后，
>
> 用温暖的方式将一切归还于你。

有些人一直在追问上天，为何让自己遭受苦难，为何让自己沉浮于惊涛骇浪的拍打中。也许其中的你曾经有想放弃的那一刻，但最终还是坚强地走过了那段看不到光亮的时光。

然而，过后你会感谢那段时光，感谢那段暗得看不见天日的岁月。因为那段日子，你变得坚强，变得不再惧怕一切。

其实，过了很多年你才会发现，那段时光带给你的不仅是内心的坚强，更是在看尽世间凉薄之后留下的一丝柔软。原来，一切失去的美好，终将以温暖的方式归来。

那天，我去深圳一家医院的脊柱外科做采访，受采访的颜医生给我讲了一个感人的故事：

在冰城哈尔滨，有一位非常美丽和优秀的女孩小兰，十五岁的她身高只有146cm。

近年来，对于小兰来说，跑跳和运动都成了她的奢望。上体育课时，

她只能站在远处，羡慕地看其他同学跑步、跳远、打羽毛球。

更痛苦的是，那段时间以来，小兰多吃几口饭都会不断呕吐，晚上睡觉稍一转身就会钻心的痛，每天都会从梦中惊醒。

每日上学、放学的时候，那段离家只有 10 分钟的路程，她要走上近半个小时，每天上下五层楼梯，都要歇上两三次。一堂 45 分钟的课，她必须趴 10 分钟才能熬过去。

原来，小兰从小就患有马凡氏综合征疾病，该疾病造成了脊柱侧弯、漏斗胸。随着脊柱侧弯不断加重，各器官受到压迫，心肺功能下降，消化系统功能衰弱，营养严重不良，身体日渐消瘦。

小兰的家人眼看着她的身体每况愈下，非常痛苦和焦急。因为再不救治，她身体的各部分器官就会衰竭，后果不堪设想。可是，面对这个问题，她的家人又是坚决反对的。

原来，在此之前，姥爷和姥姥已经带着小兰奔波往返于各大医院求治。然而，由于小兰的身体素质太差，手术风险高达 80%，所以大医院都不敢为她做手术。除此之外，高昂的医疗费也让这老弱的一家求医却步……

其实，小兰这个女孩命运多舛，家庭非常困难。一岁多时，她的母亲因工伤造成了智力残障。祸不单行，十岁时，她的父亲又因车祸离世。小兰和母亲靠每月四百多元的低保补助，以及七十多岁的姥爷、姥姥从退休金中挤出的一点钱生活。

在这样困难的情况下，她不仅要洗衣服、打扫房间，每天还要为妈妈做两顿饭，用弱小的肩膀扛起一家人的生活负担。

尽管遭遇了命运的诸多不公和考验，但小兰依然积极乐观。她品学兼优、成绩名列前茅，还是三好学生。

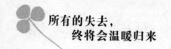

2015 年 6 月，在深圳市球爱同行慈善基金会的救助下，小兰被接到深圳，来到颜医生所在的医院进行治疗。

经过将近一年的住院疗养，2016 年 5 月 24 日，医院为小兰进行了手术。手术一周后，她的身高已经到了 167cm，侧弯角度还有 70 度左右。

手术过后，小兰和家人都非常开心，因为她可以像其他孩子一样回到正常的生活，未来是非常美好的。小兰最大的愿望是，以后考上医学院，能够治好母亲的病。

听完这个故事后，我不禁心头一紧，这个十五岁的女孩子承受了她这个年纪不该承受的痛苦，但是她依旧坚强地挺过来了。日后，美好的生活在等着她。

此刻，你是否正深陷囹圄，是否周旋于生活的苦痛与荒芜之中？其实，当这一切都过去后，你会发现这段经历是你的财富，能够让你感悟人生的真正意义。

聂鲁达的诗歌《似水年华》中有这样一段：

在双唇与声音之间的某些事物逝去，
鸟的双翼的某些事物，
痛苦与遗忘的某些事物，
如同网无法握住水一样。
当华美的叶片落尽，
生命的脉络才历历可见。

因为黄磊的电视剧《似水年华》，我记住了最后那两句诗行，也记住了诗人聂鲁达。很多年后再回味这首诗歌，却感受到了更深刻的意义。

正如我们所经历的一切，无论是痛苦还是快乐，都如同那无法握住的水流，终将都要逝去。当一切繁华与落寞都烟消云散后，我们终将看到生命最本真的东西，终将抵达灵魂的彼岸。

对于人生来说，苦难并不是剥夺生命中的一切美好，而是当我们失去一切后，用最温暖的方式将一切归还。

5. 感受慢生活，体悟生命的温度

在这个快节奏的时代，

请停一停匆忙的脚步，

梳理杂乱的心绪，

感受一种慢生活，

体悟生命的温度。

这些年，你是否总是步履匆匆，和时间赛跑？这些年，你的生活是否一直都围绕着考不完的试、忙不完的工作？

我们渴望成为这个时代的英雄，凭借自身的努力与奋斗去完成那些遥不可及的梦想。殊不知，我们最终会将自己葬送在这种高速运转、永不停息的生活中。

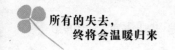

广东人有喝茶的习惯。我觉得那是快餐时代中的一种慢艺术，加上茶的悠久历史，让广东人的茶文化沉淀了底蕴和内涵。那是快节奏生活中的慢生活，透着温度，与生命的本质有一种连接。

还记得朱光潜先生在《慢慢走，欣赏啊》里面提到在阿尔卑斯山谷中的路旁插着一条标语牌："慢慢走，欣赏啊！"这个标牌在劝告游人不要匆匆行过，而是留下一点时间去欣赏山谷中的风景。

其实，慢下来是一个非常微妙的过程。在这个过程中，生命中的一切似乎变得清晰可见，我们慢慢地行走，便能感受到道路两旁未曾发现的美好。

小风是我很要好的一位朋友，在外企工作，每天都很忙碌，也会有很多应酬与加班。

即便如此，她每天都会花一个小时去练瑜伽。她说，在练瑜伽的那一个小时里，自己才真正触碰到生活的某种存在——在呼气与吸气之间，身体开始变得柔软与缓慢，心情也莫名地变得平和，烦恼与躁动不安也得以释放。

小风告诉我，在很久之前，她觉得自己应该趁着年轻不断地去拼搏，不断地去努力，这样才能在这座城市站稳脚跟。

只是随着年龄的增长，她慢慢发现自己的生活一直都在围着工作转，为升职加薪绞尽脑汁，随之而来的是颈椎的酸痛，整个身体机能的下降，以及使用再昂贵的化妆品都无法换回的青春。

看着日益暗沉的皮肤，熬夜加班换来的黑眼圈和眼袋，以及那像老了十岁的身体年龄，小风开始反思自己到底得到了什么。她开始慢慢明白，用身体的健康换来的功名利禄都是过眼云烟，不理智并且非常愚蠢。

后来她开始规定自己的作息时间，就算工作不能完成，到了晚上11点也必须睡觉。因为工作永远是做不完的，而身心健康是有期限的。与其高速运转去消耗它，不如放慢生活节奏去保护它。

还记得在海南生活的那两年时光，我整个人的节奏都放慢许多。

海南人有着自己的生活态度与方式。在那里，你走几步就可以看到一个茶吧，而喝茶是当地人必不可少的生活。他们可以喝一下午的茶而不去担心工作或者赚钱的事，或者在喝茶时的谈笑中生意已经谈成。

每到节假日，那里的人会带着一家老小去海边露营、烧烤，在海天之间一切都得以忘却，一切都显得那么渺小、微不足道。

那里的人会为了当地的生态环境，宁愿放慢发展，也要抵制造纸厂入岛。那里的人不会牺牲自己的休息时间去赚钱，更不会以损害自己的身心健康为代价。

初到岛上的时候，我还没有适应这种慢节奏的生活，甚至有一丝担忧。我害怕自己再回去的时候，会全然跟不上原来城市快节奏的步伐。不过，这种担心显然是没有必要的，因为生活节奏的快与慢完全掌握在自己手中。

一味地以牺牲居住环境和身心健康来获取某种经济效益和人生价值，是一件得不偿失的事。如果每个人都放慢自己的生活节奏，那么整个城市的步伐也会慢下来，而雾霾、环境污染、亚健康等问题都将有所改善。

也许在压力下，你已经习惯了快节奏的生活，习惯了在步履匆匆中度过每一天。你会告诉自己，只有工作出色，才能得到老板赏识，才能升职加薪，才能有更好的发展机会，才能……

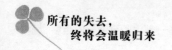
这么多假设成了你为之忙碌的动力，也成了你生活的全部。最后，你会发现自己完全沦为工作机器。

看着永远做不完的工作，以及这无限循环的人生，你可能会渐渐地开始痛恨生活。

林清玄说："浪漫，就是浪费时间慢慢吃饭，浪费时间慢慢喝茶，浪费时间慢慢走，浪费时间慢慢变老。"是呀，生命中我们可以感受的美好与浪漫，都是那些被定义为"浪费时间"的事情。

例如，为了工作，我们会迅速、简单地去解决一餐。

其实，享受食物是一个非常美妙的过程。我们应该慢慢地去品尝，体会烹饪者在食物中注入的爱与感恩。我们应该慢慢地去烹饪，体会生活中的五味杂陈。

为了工作，我们开始忘记生命的最终意义。

我们会发现自己着实成了工作的奴隶，我们会发现自己在为了工作而工作，为了忙碌而忙碌，全然忘记了工作只是生活的一部分，也忘记了生活还有其他更重要的事情。

亲爱的朋友，在这个快节奏的时代，去感受一种慢，无论是什么方式，那都是我们体悟生命温度的方式。

6. 旅行，生命因此而充盈

旅行是一次丰盛内心的过程，

更是一次精神世界的提升。

我们在旅行中成长，

更在旅行中读懂人生。

网上有一句很流行的话："要么读书，要么旅行，身体和灵魂总有一个在路上。" 这句话被很多文艺青年奉为座右铭。

旅行的意义并非是从某地到另一地的位置改变，也不是拍几张照片上传朋友圈，或是品尝当地的小吃那么简单。旅行的重要价值在于体会各地的人文风情，并且在他处得到某种改变。

在一次初中同学会上，几位十多年未曾谋面的女同学聚在一起谈论近况。她们多半已结婚生子，多半也不再年轻。有的在抱怨着柴米油盐、还房贷和车贷的各种压力；有的在为孩子学区房、补习和兴趣班等焦头烂额；有的在痛骂自己丈夫酗酒晚归，甚至打骂自己，或者抱怨他们没有赚钱的本事……

然而在这群人中，有一位女子显得特别不同。

她叫尹飞，同样有家庭，不过她的眉目要比别的女人舒展，神情充满着喜乐。她说自己刚休完年假回来，带孩子去了希腊和意大利，

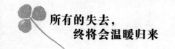

感受了古典时期与文艺复兴时期的艺术。

大家听她讲述这些年旅行的感受，都陷入了沉默。

尹飞的与众不同在于，她跳出了生活的小圈子，而当她的视野因旅行得以开阔后，面对生活的态度与思维方式也在得到改变。

作为一位女性，尹飞没有陷入生活的琐碎中；作为一位妻子，尽管丈夫因忙碌不能陪她们一起去旅行，但她依旧给予了极大的体谅；作为母亲，她带孩子感受了不同国家和地区的文明，让孩子感受了书本中无法体会的东西，远远超越了补习班与兴趣班的狭小视野。

还记得有一位女教师的辞职信是这么写的：世界那么大，我想去看看。不过有的人反驳：钱包那么小，哪儿也去不了。就是说，这些人想等自己多赚一点钱之后再旅行。

其实，并不是你囊中羞涩，只是你没有将每个月的工资做一些规划。

此外，千万不要抱着"以后"这个想法，否则你会发现"以后"会变成永远无法触及的"明天"——不知道多少女人曾经用"等孩子大点""等孩子高考完""等我退休后"这样的话来安慰自己。

只是，等到你将这一切做完后，早已年过半百，到时你还有多少精力去踏遍这世界的每一个角落？

读书和旅行是一个相辅相成的过程。

在语文课本里，"读万卷书，行万里路"的人生哲理一直被我们熟知，只是过了十几二十年后，很多人依旧不明白这句话的意义。大家早就被生活的重担压得喘不过气来，早就对那些被文艺青年挂在嘴边的"远方"气得咬牙切齿，甚至会黑他们是无病呻吟、故作文艺。

我实在不明白大家为什么要黑"远方"这个词，甚至在提到"诗和远方"时是一种嘲讽的态度。这是一个非常不好的价值导向。

我觉得有人心中还有"诗和远方"，起码他们还没有被残酷的现实所打倒，起码在他们的心中还存留一片净土。

我觉得就算那些只是拍了一堆照片，或者只感受"到此一游"的人们也不该被批判。即使他们不明白旅行的意义，或者不明白某一景点所蕴含的文化价值，但他们起码走过，灵魂还没有被腐蚀。就怕那种永远被禁锢在某一个环境里，不愿意行走的人生。

在我很小的时候，父亲就将一个地球仪放在我的房间，并告诉我这个世界有多么奇妙。我总是会在书架上翻出父亲行走世界各地时带回的各种旅游地图，或者是景点介绍。

当我看着不同的文字时，才发现这个世界原来有多大，有多奇妙——原来除了中华文明外，还存在着其他各种不同的文明。

父亲会晒得黑乎乎地回来，告诉我他去爱琴海游泳了；他也会告诉我藏于卢浮宫里的秘密，以及巴黎圣母院的神圣；他会告诉我夏威夷的海滩，他还会给我带回荷兰的机械挂钟、俄罗斯的套娃、美国的芭比娃娃……

那个时候，父亲每到一个地方都会给我寄一张明信片，而我的心就此变得躁动不安。他告诉我，一定要出去看一看世界。那时的我并不明白其中的意义，但过了十几年后我才明白他的用意。

当一个人走的地方多了，就会慢慢明白生活的真谛。我觉得一个女孩子，特别需要这种行走的信仰。

电影《东邪西毒》中有句台词："每个人都会经历这个阶段，看见一座山，就想知道山后面是什么。我很想告诉他，可能翻过去山后面，你会发现没什么特别的。"

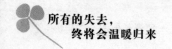
其实，旅行是一个双向的过程，不仅意味着离开，也意味着回归。当你在一个地方待久了以后，总会厌倦每天重复的生活和工作，这个时候你会非常向往他处的生活。当你真正开始远行后，就会在旅途中明白，其实他处的生活也是一样的。

旅行还是一个改变的过程，让我们突破现有知识的局限性，打破旧有的思维习惯，超出原有的认知范围。除此以外，我们不仅感受了旅途中的快乐，也培养了解决旅行途中突发事件的能力。

当然，还有很多事情需要你慢慢去体会。

7. 人生就是一场悲喜剧

人生就是一场悲喜剧，

掌握剧情的不是命运，

而是我们自己。

生活终归会遇到各种无常，我们像是在寻找一场灵魂的救赎与回归，自始至终都在询问为什么开始与终结。

人生就是一场悲喜剧，无论是父母、另一半，还是孩子，都不是剧本的撰写者。是的，我们自己才是故事的编写和统筹者。

我们都曾身处绝望无助的时光，苦苦挣扎，找不到出路。我们都曾被生活所逼迫，在逆境中硬着头皮坚强地前行。我们都是芸芸众生中的普通人，也都是独一无二的自己。

对于苦难，我们该如何面对呢？

以前，小魏是一位专业的芭蕾舞演员，拥有完美的青春岁月。曾经，她什么都不缺：完美的容颜和身材、幸福的婚姻和家庭，让所有人都羡慕。然而，就在 35 岁那年，厄运的魔爪悄悄向她伸来——没有一点点回旋余地，健康、美丽、亲情、爱情都一一离她远去。

这一切都归因于她身体的突变。

原来，在 35 岁那年，小魏查出了乳腺癌。这突如其来的消息让她整个人陷入了崩溃的状况，不过，还好是早期，还有治愈的可能。

但没有人会想到，当丈夫知道小魏得了乳腺癌的消息后，整个人都变了。急于摆脱现状的丈夫整日不归家，后来甚至明目张胆地将一个年轻女孩子带回家生活。

面对丈夫的无情，小魏痛苦不堪，甚至有了轻生的念头。

那天，她站在天桥上，看着车来车往的道路，仿佛听到了父母呼喊着自己的名字。那一刻，小魏决定为了父母，振作起来。之后，她和丈夫签了离婚协议书，并毅然去医院做了乳腺切除手术。术后，她又做了植入乳房假体手术。

手术后，小魏觉得自己获得了新生，又看到了光亮。她不再郁郁寡欢，开了一家芭蕾舞培训班，教孩子们跳舞。

看着小魏从阴霾中走出，她的父母都安心了。

小魏这样描述那段经历："当生活将你逼到走投无路的境地后，不要否定自身的价值，更不要畏惧前路的艰辛。你要相信绝处终会逢生，暴风骤雨过后即是风和日丽。"

《孟子·告子下》曰："故天将降大任于斯人也，必先苦其心志，

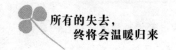

劳其筋骨,饿其体肤,空乏其身,行拂乱其所为,所以动心忍性,曾益其所不能。"在孟子眼中,苦难与绝境并非是坏事,而是一个人将被上天委以重任的先决条件。

当一个人能够经受意志的摧残与折磨,筋骨的劳累、身体的饥饿、全身的困苦等这些打击的折磨都不算什么了。唯有这样才能塑造他坚韧的性格,增加他前所未有的决心,最终成就一番大业。

是的,只有在经历困苦后,只有在舟车劳顿后,我们才会变得更加坚决、果断。

她是我的外婆,更是一位坚强的女人。

在外婆很小的时候,她的父亲因为老实本分的性格,所以经常被人欺负、毒打。每次父亲在外被人打得满身是血的时候,她都把父亲带回来,为他清理、包扎伤口,将他整理得干干净净。她说这是一个人的尊严。

然而不幸的是,父亲因为被冤枉偷牛角,被逼得上吊自杀了。这件事给外婆的冲击是巨大的,后来她发誓自己一定要变强,这样才不会再被人欺负。

在失去父亲的情况下,作为大姐的她承担起了父亲的责任,带着两个弟弟一起长大。

后来她嫁给了当兵的外公,随军队四处奔波。只是很多事情来得太过突然,很多事情也都无法预知。在外公退役后,外婆开了一家日用品小商店,生活简单、平静。

那年,外公与朋友合伙开了一家皮鞋厂,可因为朋友的背叛,外公成了替罪羊,背负了巨额债务。那时还是20世纪90年代初,那笔债务对他们来说就是天文数字。

外婆绝望过、悲伤过，她说那是她一辈子都无法偿还的数字。不过，正像她小时候遭遇的那场大变故，她凭着自身惊人的意志力挺过来了。她不怕苦、不怕累，开始做炊具生意，燃气灶、液化气瓶、油烟机……

那时，她跟着一起进货、卸货，像男人一样做着这一切。终于，她的生意越来越好，越来越红火，还清了所有债务。现在的她，尽管已经不再年轻，但练就了一身钢筋铁骨。

曾经的他们，经历了家庭的变故、朋友的背叛；曾经的他们，在绝境中挣扎，在绝境中逢生；曾经的他们，苦苦寻求坚持走下去的希望，可却求之不得———念之间，要么选择毁灭，要么选择重生。

聂鲁达在诺贝尔文学奖受奖辞中这样写道："我曾经是诗人中最孤独的人，我的诗歌是地区性的，是痛苦的，阴雨连绵的。然而我对人类却一向充满信心，我从未失去希望。正因为如此，我才能带着我的诗歌，同时也带着我的旗帜来到此地。"

是的，虽然历经苦难，但他依旧心存希望。

人生就是一场悲喜剧，掌握剧情的不是命运，而是我们自己。绝境在结束你过往的同时，也给你带去了新生。你所经历的绝望之境不是永无翻身的死地，而是孕育新生的开始。

暴风骤雨终有一天会过去，而新的远行也会来临，我们终究会踏着往日的灰暗走向黎明。s